《建设工程监理规范》GB/T 50319—2013 应用

水暖监理员资料编制与工作用表填写范例

张俊新　主编

中国建筑工业出版社

图书在版编目（CIP）数据

水暖监理员资料编制与工作用表填写范例/张俊新主编．—北京：中国建筑工业出版社，2013.12
（《建设工程监理规范》GB/T 50319—2013 应用）
ISBN 978-7-112-16189-8

Ⅰ．①水… Ⅱ．①张… Ⅲ．①给排水系统-建筑安装-工程施工-监理工作-资料-编制-范文②给排水系统-建筑安装-工程施工-监理工作-表格-范文③采暖设备-建筑安装-工程施工-监理工作-资料-编制-范文④采暖设备-建筑安装-工程施工-监理工作-表格-范文 Ⅳ．①TU8

中国版本图书馆 CIP 数据核字（2013）第 287572 号

本书从水暖工程监理员实际需要出发，结合《建设工程监理规范》（GB/T 50319—2013）进行编写，共分五章，主要包括：监理资料分类与管理、水暖工程监理资料的编制要求、水暖工程项目监理管理资料、水暖工程监理机构工作表格、水暖工程质量监理与验收填写范例。

本书可供从事水暖专业监理工程技术人员和其他从事工程管理的工程技术人员及各高职高专院校专业师生参考使用。

责任编辑：岳建光　张　磊
责任设计：李志立
责任校对：张　颖　刘　钰

《建设工程监理规范》GB/T 50319—2013 应用
水暖监理员资料编制与工作用表填写范例
张俊新　主编
*
中国建筑工业出版社出版、发行（北京西郊百万庄）
各地新华书店、建筑书店经销
北京红光制版公司制版
北京建筑工业印刷厂印刷
*
开本：787×1092 毫米　1/16　印张：12½　字数：300 千字
2014 年 8 月第一版　　2014 年 8 月第一次印刷
定价：30.00 元
ISBN 978-7-112-16189-8
（24867）

编 委 会

主 编　张俊新

编 委　王淑艳　王克勤　李占杰　刘丽萍
　　　　张　颖　陈晓茉　修士会　柴新雷
　　　　高秀宏　裴向娟　夏　欣　何　影
　　　　潘　岩　黄　晋　白雅君

前　言

　　随着国民经济的快速发展，新的建设规范、标准不断出现，对建设工程施工质量的要求也越来越高。建设工程的质量直接关系到建筑物功能的发挥及生命财产的安全。因此，如何控制工程施工质量已引起业内人士的高度重视。为了使广大建设领域工程技术和管理人员及时学习、掌握和使用新版的《建设工程监理规范》（GB/T 50319—2013），我们组织编写了本书。

　　建筑施工资料表格是施工技术资料重要组成部分，资料表格的填写也是施工中的难点，由于填写不规范、不完整，使表格不能真正反映建筑工程的实际情况，给施工单位在工程创优和竣工交付时带来很多不必要的麻烦。本书从水暖工程监理员实际需要出发，结合《建设工程监理规范》（GB/T 50319—2013）进行编写，共分五章，主要包括：监理资料分类与管理、水暖工程监理资料的编制要求、水暖工程项目监理管理资料、水暖工程监理机构工作表格、水暖工程质量监理与验收填写范例等内容。条理清楚，结构严谨，内容全面、系统、丰富，便于读者查阅学习。本书可供从事水暖专业监理工程技术人员和其他从事工程管理的工程技术人员及各高职高专院校专业师生参考使用。

　　本书在编写过程中参考了有关文献和一些相关经验性文件，并且得到了许多专家和相关单位的关心与大力支持，在此表示衷心感谢。随着科技的发展，建筑技术也在不断进步，本书难免出现疏漏及不妥，恳请广大读者给予指导指正。如果您对本书有什么意见、建议，或您有图书出版的意愿、想法，欢迎致函 289052980@qq.com 交流沟通！

目　　录

1 监理资料分类与管理 ……………………………………………………… 1
　1.1 监理资料分类 ……………………………………………………… 1
　1.2 监理资料管理 ……………………………………………………… 2
2 水暖工程监理资料的编制要求 …………………………………………… 3
　2.1 水暖工程监理资料的编制依据 ………………………………… 3
　　2.1.1 监理资料编制的基本规定 ………………………………… 3
　　2.1.2 监理资料的组成 …………………………………………… 3
　2.2 水暖工程监理资料的管理 ……………………………………… 5
　　2.2.1 监理文件档案的收文与登记 ……………………………… 5
　　2.2.2 监理文件档案资料的传阅与登记 ………………………… 5
　　2.2.3 监理文件资料的发文与登记、分类存放及归档 ………… 5
　2.3 监理工作主要表格体系和填写要求 …………………………… 7
　　2.3.1 监理工作的基本表 ………………………………………… 7
　　2.3.2 工程监理单位用表（A类表）…………………………… 8
　　2.3.3 施工单位报审、报验用表（B类表）…………………… 15
　　2.3.4 通用表（C类表）………………………………………… 30
3 水暖工程项目监理管理资料 ……………………………………………… 33
　3.1 监理规划 ………………………………………………………… 33
　　3.1.1 监理规划的内容 …………………………………………… 33
　　3.1.2 监理规划编制依据 ………………………………………… 33
　　3.1.3 监理规划的编制 …………………………………………… 34
　　3.1.4 监理规划的审查 …………………………………………… 34
　　3.1.5 监理规划的调整 …………………………………………… 34
　　3.1.6 监理规划编制范例 ………………………………………… 35
　3.2 监理实施细则 …………………………………………………… 45
　　3.2.1 监理实施细则编制原则 …………………………………… 45
　　3.2.2 监理实施细则编制依据 …………………………………… 45
　　3.2.3 监理实施细则编制程序 …………………………………… 46
　　3.2.4 监理实施细则的内容 ……………………………………… 46
　　3.2.5 监理实施细则编制范例 …………………………………… 46
　3.3 监理会议纪要 …………………………………………………… 50
　　3.3.1 第一次工地会议 …………………………………………… 50
　　3.3.2 监理例会 …………………………………………………… 51
　　3.3.3 工地例会纪要范例 ………………………………………… 51

3.4　监理月报 ··· 55
　　3.4.1　监理月报的主要内容 ·· 55
　　3.4.2　监理月报的编制要求 ·· 56
　　3.4.3　监理月报编制范例 ·· 56
3.5　监理日志与监理日记 ·· 61
　　3.5.1　监理日志 ··· 61
　　3.5.2　监理日记 ··· 62
　　3.5.3　监理日志编制范例 ·· 63
3.6　监理工作总结 ··· 64
　　3.6.1　监理工作总结的内容 ·· 64
　　3.6.2　监理工作总结编制要求 ·· 65
　　3.6.3　监理工作总结编制范例 ·· 65

4　水暖工程监理机构工作表格 ·· 69
4.1　监理机构与设计单位联系 ··· 69
　　4.1.1　监理机构与设计单位间关系 ··································· 69
　　4.1.2　监理机构与设计单位联系表格填写范例 ··················· 69
4.2　监理单位与承建单位联系 ··· 70
　　4.2.1　监理单位与承建单位间关系 ··································· 70
　　4.2.2　监理单位与承建单位联系表格填写范例 ··················· 71
4.3　监理机构与业主联系 ·· 80
　　4.3.1　监理机构与业主关系 ·· 80
　　4.3.2　监理机构与业主联系表格填写范例 ·························· 81

5　水暖工程质量监理与验收填写范例 ···································· 90
5.1　室内给水排水系统工程 ·· 90
　　5.1.1　质量要求 ··· 90
　　5.1.2　施工质量监理表格填写范例 ·································· 110
　　5.1.3　质量验收填写范例 ··· 132
5.2　室内热水供应系统工程 ·· 137
　　5.2.1　质量要求 ··· 137
　　5.2.2　施工质量监理表格填写范例 ································· 138
　　5.2.3　质量验收填写范例 ··· 140
5.3　卫生器具安装工程 ··· 142
　　5.3.1　质量要求 ··· 142
　　5.3.2　质量验收填写范例 ··· 146
5.4　室内采暖系统工程 ··· 148
　　5.4.1　质量要求 ··· 148
　　5.4.2　施工质量监理表格填写范例 ································· 152
　　5.4.3　质量验收填写范例 ··· 154
5.5　室外给排水管网工程 ·· 156

    5.5.1 质量要求 ·· 156

    5.5.2 质量验收填写范例 ······························· 162

  5.6 室外供热管网工程 ··································· 166

    5.6.1 质量要求 ·· 166

    5.6.2 质量验收填写范例 ······························· 168

  5.7 建筑中水系统及游泳池水系统工程 ················· 170

    5.7.1 质量要求 ·· 170

    5.7.2 质量验收填写范例 ······························· 171

  5.8 供热锅炉及辅助设备安装工程 ····················· 172

    5.8.1 质量要求 ·· 172

    5.8.2 施工质量监理表格填写范例 ····················· 180

    5.8.3 质量验收填写范例 ······························· 187

参考文献 ··· 192

1 监理资料分类与管理

1.1 监理资料分类

监理资料分类见表 1-1。

监理资料分类表

表 1-1

类别编号	工程资料名称	表格编号（或资料来源）	归档保存单位			
			施工单位	监理单位	建设单位	城建档案馆
B 类	监理资料					
	监理管理资料					
B1	监理规划、监理实施细则	监理单位		●	●	●
	监理月报	监理单位		●	●	
	监理会议纪要	监理单位	●	●	●	
	监理工作日志	监理单位		●		
	监理工作总结(专题、阶段和竣工总结)	监理单位		●	●	●
B2	监理工作记录					
	工程技术文件报审表	表 B2-1（A1 监）	●	●	●	
	施工测量放线报验表	表 B2-2（A2 监）	●	●	●	
	施工进度计划报审表	表 B2-3（A3 监）	●	●	●	
	工程物资进场报验表	表 B2-4（A4 监）	●	●	●	
	工程动工报审表	表 B2-5（A5 监）	●	●	●	
	分包单位资质报审表	表 B2-6（A6 监）	●	●	●	
	分项/分部工程施工报验表	表 B2-7（A7 监）	●	●		
	（ ）月工、料、机动态表	表 B2-8（A9 监）	●	●		
	工程复工报审表	表 B2-9（A10 监）	●	●	●	
	（ ）月工程进度款报审表	表 B2-10（A11 监）	●	●		
	工程变更费用报审表	表 B2-11（A12 监）	●	●	●	
	费用索赔申请表	表 B2-12（A13 监）	●	●		
	工程款支付申请表	表 B2-13（A14 监）	●	●		
	工程延期申请表	表 B2-14（A15 监）	●	●	●	
	监理通知回复单	表 B2-15（A16 监）	●	●		
	监理通知	表 B2-16（B1 监）	●	●		
	监理抽检记录	表 B2-17（B2 监）	●	●	●	
	不合格项处置记录	表 B2-18（B3 监）	●	●	●	
	工程暂停令	表 B2-19（B4 监）	●	●	●	
	工程延期审批表	表 B2-20（B5 监）	●	●	●	
	费用索赔审批表	表 B2-21（B6 监）	●	●	●	
	工程款支付证书	表 B2-22（B7 监）	●	●	●	
	旁站监理记录	表 B2-23	●	●		
	质量事故报告及处理资料	责任单位	●	●	●	●
	见证取样备案文件	附表 F	●	●	●	
B3	竣工验收资料					
	单位工程竣工预验收报验单	表 B3-1（A8 监）	●	●	●	
	竣工移交证书	表 B3-2（B8 监）	●	●	●	●
	工程质量评估报告	监理单位	●	●	●	●
B4	其他资料					
	工作联系单	表 B4-1（C1 监）	●	●	●	
	工程变更单	表 B4-2（C2 监）		●	●	

1.2 监理资料管理

监理资料管理流程，如图 1-1 所示。

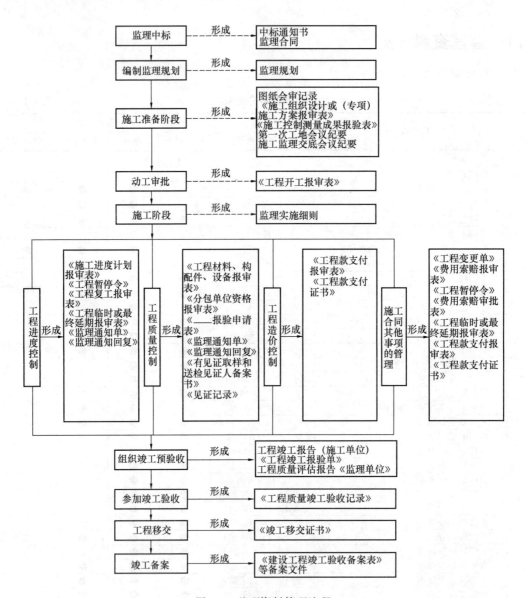

图 1-1 监理资料管理流程

2 水暖工程监理资料的编制要求

2.1 水暖工程监理资料的编制依据

2.1.1 监理资料编制的基本规定

（1）监理资料管理的基本要求是：整理及时、真实齐全、分类有序。

（2）总监理工程师应指派专人进行监理资料管理，总监理工程师为总负责人。

（3）应要求承包单位将有监理人员签字的施工技术和管理文件，上报项目监理部存档备查。

（4）应利用计算机建立图、表等系统文件辅助监理工作控制和管理，可在计算机内建立监理管理台账，具体内容包括：

1）工程材料、构配件、设备报验台账。

2）施工试验（混凝土、钢筋、水、电、暖、通等）报审台账。

3）分项、分部验收台账。

4）工程量、月工程进度款报审台账。

5）其他。

（5）监理工程师应根据基本要求认真审核资料，不得接受经过涂改的报验资料，并在审核整理后交由资料管理人员存放。

（6）在监理工作过程中，监理资料应按单位工程建立案卷盒（夹），分专业存放保管，并编目，以便于跟踪检查。

（7）监理资料的收发、借阅必须通过资料管理人员履行手续。

2.1.2 监理资料的组成

一、监理文件资料的主要内容

（1）勘察设计文件、建设工程监理合同及其他合同文件。

（2）监理规划、监理实施细则。

（3）设计交底和图纸会审会议纪要。

（4）施工组织设计、（专项）施工方案、施工进度计划报审文件资料。

（5）分包单位资格报审文件资料。

（6）施工控制测量成果报验文件资料。

（7）总监理工程师任命书，工程开工令、暂停令、复工令，开工或复工报审文件资料。

（8）工程材料、构配件、设备报验文件资料。

（9）见证取样和平行检验文件资料。

（10）工程质量检查报验资料及工程有关验收资料。

（11）工程变更、费用索赔及工程延期文件资料。

（12）工程计量、工程款支付文件资料。

（13）监理通知单、工作联系单与监理报告。

（14）第一次工地会议、监理例会、专题会议等会议纪要。

（15）监理月报、监理日志、旁站记录。

（16）工程质量或生产安全事故处理文件资料。

（17）工程质量评估报告及竣工验收监理文件资料。

（18）监理工作总结。

二、监理日志的主要内容

（1）天气和施工环境情况。

（2）当日施工进展情况。

（3）当日监理工作情况，包括旁站、巡视、见证取样、平行检查等情况。

（4）单日存在的问题及协调解决情况。

（5）其他有关事项。

三、监理月报的主要内容

1. 本月工程实施情况

（1）工程进展情况，实际进度与计划进度的比较，施工单位人、机、料进场及使用情况，本期在施部位的工程照片。

（2）工程质量情况，分项分部工程验收情况，工程材料、设备、构配件进场检验情况，主要施工试验情况，本月工程质量分析。

（3）施工单位安全生产管理工作评述。

（4）已完工程量与已付工程款的统计及说明。

2. 本月监理工作情况

（1）工程进度控制方面的工作情况。

（2）工程质量控制方面的工作情况。

（3）安全生产管理方面的工作情况。

（4）工程计量与工程款支付方面的工作情况。

（5）合同其他事项的管理工作情况。

（6）监理工作统计及工作照片。

3. 本月施工中存在的问题及处理情况

（1）工程进度控制方面的主要问题分析及处理情况。

（2）工程质量控制方面的主要问题分析及处理情况。

（3）施工单位安全生产管理方面的主要问题分析及处理情况。

（4）工程计量与工程款支付方面的主要问题分析及处理情况。

（5）合同其他事项管理方面的主要问题分析及处理情况。

4. 下月监理工作重点

（1）在工程管理方面的监理工作重点。

（2）在项目监理机构内部管理方面的工作重点。

四、监理工作总结的主要内容

（1）工程概况。

（2）项目监理机构。

（3）建设工程监理合同履行情况。

（4）监理工作成效。

（5）监理工作中发现的问题及其处理情况。

（6）说明和建议。

2.2 水暖工程监理资料的管理

2.2.1 监理文件档案的收文与登记

所有收文应在收文登记表上按监理信息分类别进行登记。应记录文件名称、文件摘要信息、文件的发放单位（部门）、文件编号以及收文日期，必要时还应注明接收件的具体时间，最后由项目监理部负责收文人员签字。

监理信息在有追溯性要求的情况下，应注意核查所填部分内容是否可追溯。例如，材料报审表中是否明确注明该材料所使用的具体部位，以及该材料质保证明的原件保存处等。

如不同类型的监理信息之间存在相互对照或追溯关系时，在分类存放的情况下，应在文件和记录上注明相关信息的编号和存放处。

资料管理人员应检查文件档案资料的各项内容填写和记录是否真实完整，签字认可人员应为符合相关规定的责任人员，并且不得以盖章和打印代替手写签认。文件档案资料以及存储介质质量应符合要求，所有文件档案必须使用符合档案归档要求的碳素墨水填写或打印生成，以适应长时间保存的要求。

有关工程建设照片及声像资料等应注明拍摄日期及所反映的工程建设部位等摘要信息。收文登记后应交给项目总监或由其授权的监理工程师进行处理，重要文件内容应在监理日志中记录。

部分收文如涉及建设单位的工程建设指令或设计单位的技术核定单以及其他重要文件，应将复印件在项目监理部专栏内予以公布。

2.2.2 监理文件档案资料的传阅与登记

由建设工程项目监理部总监理工程师或其授权的监理工程师确定文件、记录是否需要传阅，如需传阅则应确定传阅人员名单和范围，并在文件传阅纸上注明，随同文件和记录进行传阅。也可按文件传阅纸样式刻制方形图章，盖在文件空白处，代替文件传阅纸。每位传阅人员阅后应在文件传阅纸上签名，并注明日期。文件和记录传阅期限不应超过该文件的处理期限。传阅完毕后，文件原件应交还给信息管理人员归档。

2.2.3 监理文件资料的发文与登记、分类存放及归档

1. 监理文件资料的发文与登记

发文由总监理工程师或其授权的监理工程师签名，并加盖项目监理部图章，对盖章工

作应进行专项登记。如为紧急处理的文件，应在文件首页标注"急件"字样。具体的登记内容包括文件资料的分类编码、发文文件名称、摘要信息、接收文件的单位名称、发文日期等，而且接收人员收到文件后应签名。

发文应留有底稿，并附一份文件传阅纸，信息管理人员根据文件签发人的指示确定文件责任人和相关传阅人员。文件传阅过程中，每位传阅人员阅后应签名并注明日期。发文的传阅期限不应超过其处理期限。重要文件的发文内容应在监理日志中予以记录。

项目监理部的信息管理人员应及时将发文原件归入到相应的资料柜（夹）中，并在目录清单中予以记录。

2. 监理文件档案资料的分类存放

项目监理部应备有存放监理信息的专用资料柜和用于监理信息分类归档存放的专用资料夹，在大中型项目中应采用计算机对监理信息进行辅助管理。文件和档案资料应保持清晰，不得随意涂改记录，保存过程中应保持记录介质的清洁、不破损。

3. 监理文件档案资的归档

监理文件档案资料的归档内容、组卷方法以及监理档案的验收、移交和管理工作，应根据现行《建设工程监理规范》（GB/T 50319—2013）、《建设工程文件归档整理规范》（GB/T 50328—2001），并参考工程项目所在地建设工程行政主管部门、建设监理行业主管部门、地方城市建设档案管理部门的规定执行。

按照现行《建设工程文件归档整理规范》（GB/T 50328—2001），监理文件有 10 大类27 个，要求在不同的单位归档保存，见表 2-1。

监理文件档案资的归档　　　　　　　　　　　　　　　　　表 2-1

监理文件	归档保存要求
监理规划	（1）监理规划——建设单位长期保存，监理单位短期保存，送城建档案管理部门保存； （2）监理实施细则——建设单位长期保存，监理单位短期保存，送城建档案管理部门保存； （3）监理部总控制计划等——建设单位长期保存，监理单位短期保存
监理月报中有关质量问题	建设单位、监理单位长期保存，送城建档案管理部门保存
监理会议纪要中的有关质量问题	建设单位长期保存，监理单位长期保存，送城建档案管理部门保存
进度控制	（1）工程开工/复工审批表——建设单位长期保存，监理单位长期保存，送城建档案管理部门保存； （2）工程开工/复工暂停令——建设单位长期保存，监理单位长期保存，送城建档案管理部门保存
质量控制	（1）不合格项目通知——建设单位长期保存，监理单位长期保存，送城建档案管理部门保存； （2）质量事故报告及处理意见——建设单位长期保存，监理单位长期保存，送城建档案管理部门保存。不合格项目通知、质量事故报告及处理意见，建设单位、监理单位长期保存，送城建档案管理部门保存

监理文件	归 档 保 存 要 求
造价控制	(1) 预付款报审与支付——建设单位短期保存； (2) 月付款报审与支付——建设单位短期保存； (3) 设计变更、洽商费用报审与签认——建设单位长期保存； (4) 工程竣工决算审核意见书——建设单位长期保存，送城建档案管理部门保存
分包资质	(1) 分包单位资质材料——建设单位长期保存； (2) 供货单位资质材料——建设单位长期保存； (3) 试验等单位资质材料——建设单位长期保存
监理通知	(1) 有关进度控制的监理通知——建设单位、监理单位长期保存； (2) 有关质量控制的监理通知——建设单位、监理单位长期保存； (3) 有关造价控制的监理通知——建设单位、监理单位长期保存
合同与其他事项管理	(1) 工程延期报告及审批——建设单位永久保存，监理单位长期保存，送城建档案管理部门保存； (2) 费用索赔报告及审批——建设单位、监理单位长期保存； (3) 合同争议、违约报告及处理意见——建设单位永久保存，监理单位长期保存，送城建档案管理部门保存； (4) 合同变更材料——建设单位、监理单位长期保存，送城建档案管理部门保存
监理工作总结	(1) 专题总结——建设单位长期保存，监理单位短期保存； (2) 月报总结——建设单位长期保存，监理单位短期保存； (3) 工程竣工总结——建设单位、监理单位长期保存，送城建档案管理部门保存； (4) 质量评估报告——建设单位、监理单位长期保存，送城建档案管理部门保存

4. 监理文件档案资料借阅、更改与作废

项目监理部存放的文件、档案原则上不得外借，如政府部门、建设单位或施工单位确有需要，应经过总监理工程师同意，并办理借阅手续；监理人员需要借阅文件和档案时，应填写文件借阅单。

监理文件档案的更改应由原制定部门相应责任人执行，涉及审批程序的，由原审批责任人执行。

2.3 监理工作主要表格体系和填写要求

2.3.1 监理工作的基本表

《建设工程监理规范》（GB/T 50319—2013）中基本表有三类：

(1) A类表共8个表（A.0.1～A.0.8），为工程监理单位用表，由工程监理单位或项目监理机构签发。

(2) B类表共14个表（B.0.1～B.0.14），为施工单位报审、报验用表，由施工单位或施工项目经理部填写后报送工程建设相关方。

（3）C类表共3个表（C.0.1～C.0.3），为通用表，是工程建设相关方工作联系的通用表。

2.3.2 工程监理单位用表（A类表）

1. 总监理工程师任命书（A.0.1）

《总监理工程师任命书》适用于《建设工程监理合同》签订以后，工程监理单位将对总监理工程师的任命以及相应的授权范围书面通知建设单位。

《总监理工程师任命书》在《建设工程监理合同》签订以后，应由工程监理单位法定代表人签字，并加盖单位公章。

《总监理工程师任命书》填写范例如下：

<table>
<tr><td colspan="2" align="center">总监理工程师任命书</td><td align="right">表 A.0.1</td></tr>
<tr><td>工程名称：××工程</td><td></td><td align="right">编号：×××</td></tr>
</table>

致：××工程有限公司（建设单位）

　　兹任命×××（注册监理工程师注册号：×××××××××）为我单位××大厦项目总监理工程师。负责履行《建设工程监理合同》、主持项目监理机构工作。

工程监理机构（盖章）

法定代表人（签字）×××

20××年××月××日

注：本表一式三份，项目监理机构、建设单位、施工单位各一份。

2. 工程开工令（A.0.2）

总监理工程师应组织专业监理工程师审查施工单位报送的《工程开工报审表》及相关资料，确认具备开工条件，报建设单位批准同意开工后，总监理工程师签发《工程开工令》，指示施工单位开工。《工程开工令》中应明确具体的开工日期。《工程开工令》中的开工日期作为施工单位计算工期的起始日期。

《工程开工令》填写范例如下：

<table>
<tr><td colspan="2">工 程 开 工 令</td><td>表 A.0.2</td></tr>
<tr><td>工程名称：××工程</td><td></td><td>编号：×××</td></tr>
<tr><td colspan="3">
致：××工程有限公司（施工单位）

  经审查，本工程已具备施工合同约定的开工条件，现同意你方开始施工，开工日期为：20××年××月××日。

  附件：工程开工报审表

项目监理机构（盖章）
总监理工程师（签字、加盖执业印章）×××
20××年××月××日
</td></tr>
</table>

注：本表一式三份，项目监理机构、建设单位、施工单位各一份。

3. 监理通知单（A.0.3）

在监理工作中，项目监理机构按《建设工程监理合同》授予的权限，针对施工单位出现的各种问题，对施工单位所发出的指令、提出的要求，除另有规定外，均应采用《监理通知单》。监理工程师现场发出的口头指令及要求，也应采用《监理通知单》予以确认。

《监理通知单》可由总监理工程师或专业监理工程师签发，对于一般问题可由专业监理工程师签发，对于重大问题应由总监理工程师或经其同意后签发。

《监理通知单》中，"事由"应填写通知内容的主题词，相当于标题；"内容"应写明发生问题的具体部位、具体内容，并写明监理工程师的要求、依据。必要时，应补充相应的文字、图纸、图像等作为附件进行具体说明。

《监理通知单》填写范例如下：

监 理 通 知 单　　　　　　　　　　　表 A. 0. 3

工程名称：××工程　　　　　　　　　　　　　　　　编号：×××

致：××建筑工程公司项目部（施工项目经理部） 事由：关于管沟开挖安全事宜 内容： 　1. 安全施工，技术交底、安全教育要落实到人头，本人签字确认。 　2. 因基坑开挖深度大于 5m 要合理放坡，不得低于国家规范的规定。 　3. 基坑开挖要设专职安全员，在基坑四周时时巡视有无裂缝纵向伸展，防止边坡失稳，无人知晓。 　4. 由于连续降雨导致场内多处边坡塌方，要求做边坡支护。 　5. 人员、挖土机械设备要控制在安全作业范围内。 　6. 基坑临边要设护栏维护，安全网维护，警示牌、警示灯护栏悬挂。 　7. 由于近日来有夜间施工，管沟旁无任何保护措施，存在重大安全隐患，故要求设置 24 小时值班专职看护人员。 以上条款要求 1 日内整改完毕，否则发生任何人员伤亡事故，由你方负全责。   <div align="right">项目监理机构（盖章） 总/专业监理工程师（签字）××× 20××年××月××日</div>

注：本表一式三份，项目监理机构、建设单位、施工单位各一份。

4. 监理报告（A.0.4）

当项目监理机构对工程存在安全事故隐患发出《监理通知单》、《工程暂停令》而施工单位拒不整改或不停止施工，以及情况严重时，项目监理机构应及时向有关主管部门报送《监理报告》。填报《监理报告》时，应说明工程名称、施工单位、工程部位，并附监理处理过程文件（《监理通知单》、《工程暂停令》等，应说明时间和编号），以及其他检测资料、会议纪要等。紧急情况下，项目监理机构通过电话、传真或电子邮件方式向政府有关主管部门报告的，事后应以书面形式《监理报告》送达政府有关主管部门，同时抄报建设单位和工程监理单位。

《监理报告》填写范例如下：

监 理 报 告

工程名称：<u>××工程</u>   表 **A.0.4**

                                                             编号：<u>×××</u>

致：<u>××市建设工程质量安全监督站</u>（主管部门）

    由<u>××建筑工程公司</u>（施工单位）施工的<u>室内给水管道安装工程</u>（工程部位），存在安全事故隐患。我方已于<u>20××</u>年<u>××</u>月<u>××</u>日发出编号为：<u>×××</u>的《监理通知单》或《工程暂停令》，但施工单位未（整改或停工）。

    特此报告。

    附件：□监理通知单

               ☑工程暂停令

               ☑其他：给水管道监测报告

项目监理机构（盖章）
总监理工程师（签字）<u>×××</u>
20××年××月××日

注：本表一式四份，主管部门、建设单位、工程监理单位、项目监理机构各一份。

5. 工程暂停令（A.0.5）

《工程暂停令》适用于总监理工程师签发指令要求停工处理的事件，包括：

(1) 建设单位要求暂停施工且工程需要暂停施工的。

(2) 施工单位未经批准擅自施工或拒绝项目监理机构管理的。

(3) 施工单位未按审查通过的工程设计文件施工的。

(4) 施工单位未按批准的施工组织设计或（专项）施工方案施工或违反工程建设强制性标准的。

(5) 为保证工程质量而需要停工处理的。

(6) 施工中出现安全隐患，必须停工消除隐患的。

总监理工程师应根据暂停工程的影响范围和程度，按合同约定签发暂停令。签发工程暂停令时，应注明停工部位及范围。

总监理工程师签发工程暂停令应事先征得建设单位同意，在紧急情况下未能事先报告的，应在事后及时向建设单位做出书面报告。

《工程暂停令》填写范例如下：

<table>
<tr><td colspan="2" style="text-align:center">工 程 暂 停 令</td><td>表 A.0.5</td></tr>
<tr><td>工程名称：××工程</td><td></td><td>编号：×××</td></tr>
<tr><td colspan="3">
致：××建筑工程公司项目部（施工项目经理部）

　　由于<u>室内给水管道没有达到设计要求</u>的原因，现通知你于20××年××月××日××时起，暂停<u>室内给水管道安装工程1～4层部位</u>（工序）施工，并按下述要求做好后续工作：

　　要求：
　　1. 管道及管件焊接的焊缝表面质量检查并做好检查记录。
　　2. 管道的支、吊架安装应平整牢固，使其符合设计要求。
　　3. 完成上述内容后，填报《工程复工报审表》到项目监理部。

项目监理机构（盖章）
总监理工程师（签字、加盖执业印章）×××
20××年××月××日

</td></tr>
</table>

　　注：本表一式三份，项目监理机构、建设单位、施工单位各一份。

6. 旁站记录（A.0.6）

《旁站记录》为项目监理机构记录旁站工作情况的通用表式，项目监理机构可根据需要增加附表。本表适用于监理人员对关键部位、关键工序的施工质量，实施全过程现场跟踪监督活动的实时记录。

《旁站记录》中"施工情况"应记录所旁站部位（工序）的施工作业内容、主要施工机械、材料、人员和完成的工程数量等内容及监理人员检查旁站部位施工质量的情况，包括施工单位质检人员到岗情况、特殊工种人员持证情况以及施工机械、材料准备及关键部位、关键工序的施工是否按（专项）施工方案及工程建设强制性标准执行等情况。"处理情况"是指旁站人员对于所发现问题的处理。

《旁站记录》填写范例如下：

旁 站 记 录   表 A.0.6

工程名称：××工程   编号：×××

旁站的关键部位、关键工序	防排水施工（防水板铺设、盲管安装）	施工单位	××建筑工程公司
旁站开始时间	2012 年 10 月 31 日 12 时 30 分	旁站结束时间	2012 年 10 月 31 日 18 时 30 分

旁站的关键部位、关键工序施工情况：

　　施工里程、部位：XK＋23——21 二衬

　　施工工艺、方法：EVA 防水板采用无钉焊接铺设，施工工艺符合设计要求

　　施工过程是否正常：正常

发现的问题及处理情况：

　　土工布固定塑料垫圈间距偏大，防水板有一处破损，盲管固定不牢固。土工布搭接长度不符合要求。

旁站监理人员（签字）×××
20××年××月××日

注：本表一式一份，项目监理机构留存。

7. 工程复工令（A.0.7）

《工程复工令》适用于导致工程暂停施工的原因消失、具备复工条件时，施工单位提出复工申请，并且其复工报审表（表B.0.3）及相关材料经审查符合要求后，总监理工程师签发指令同意或要求施工单位复工；施工单位未提出复工申请的，总监理工程师应根据工程实际情况指令施工单位恢复施工。

在填写《工程复工令》时，应注意以下事项：

（1）因建设单位原因或非施工单位原因引起工程暂停的，在具备复工条件时，应及时签发《工程复工令》指令施工单位复工。

（2）因施工单位原因引起工程暂停的，施工单位在复工前应使用《工程复工报审表》申请复工；项目监理机构应对施工单位的整改过程、结果进行检查、验收，符合要求的，对施工单位的《工程复工报审表》予以审核，并报建设单位；建设单位审批同意后，总监理工程师应及时签发《工程复工令》，施工单位接到《工程复工令》后组织复工。

（3）本表内必须注明复工的部位和范围、复工日期等，并附《工程复工报审表》等其他相关说明文件。

《工程复工令》填写范例如下：

工 程 复 工 令　　　　　　　　　　　　　　　表 A. 0. 7

工程名称：××工程　　　　　　　　　　　　　　　编号：×××

致：××综合楼工程施工总承包项目经理部（施工项目经理部） 　　我方发出的编号为×××《工程暂停令》，要求暂停室内给水管道安装工程1～4层部位（工序）施工，经查已具备复工条件。经建设单位同意，现通知你方于20××年××月××日××时起恢复施工。 　　附件：复工报审表   　　　　　　　　　　　　　　　　　　　　　　　项目监理机构（盖章） 　　　　　　　　　　　　　　　　　　　　总监理工程师（签字、加盖执业印章）××× 　　　　　　　　　　　　　　　　　　　　　　　　20××年××月××日

注：本表一式三份，项目监理机构、建设单位、施工单位各一份。

14

8. 工程款支付证书（A. 0. 8）

《工程款支付证书》适用于项目监理机构收到经建设单位签署审批意见的《工程复工报审表》后，根据建设单位的审批意见，签发本表作为工程款支付的证明文件。项目监理机构应按《建设工程监理规范》（GB/T 50319—2013）第5.3.1条规定的程序进行工程计量和付款签证。项目监理机构将《工程款支付证书》签发给施工单位时，应同时抄报建设单位。

《工程款支付证书》填写范例如下：

工程款支付证书　　　　　　　　　　　　　　表A. 0. 8

工程名称：北京××工程　　　　　　　　　　　　　　　编号：×××

致：北京××建筑工程公司（施工单位）

　　根据施工合同规定，经审核编号为×××工程款支付报审表，扣除有关款项后，同意支付该款项共计（大写）人民币陆拾柒万肆仟肆佰肆拾柒元整（小写：￥674447.00元）。

　　其中：

　　1. 施工单位申报款为：675312.00 元；

　　2. 经审核承包单位应得款为：674447.00 元；

　　3. 本期应扣款为：0.00 元；

　　4. 本期应付款为：674447.00 元。

　　附件：工程款支付报审表及附件

项目监理机构（盖章）

总监理工程师（签字、加盖执业印章）：×××

20××年××月××日

注：本表一式三份，项目监理机构、建设单位、施工单位各一份。

2.3.3 施工单位报审、报验用表（B类表）

1. 施工组织设计或（专项）施工方案报审表（B. 0. 1）

《施工组织设计或（专项）施工方案报审表》除用于施工组织设计或（专项）施工方案报审及施工组织设计（方案）发生改变后的重新报审外，还可用于对危及结构安全或使用功能的分项工程整改方案的报审及重点部位、关键工序的施工工艺、四新技术的工艺方法和确保工程质量的措施的报审。

施工单位编制的施工组织设计应由施工单位技术负责人审核签字并加盖施工单位公章，然后与施工组织设计报审表一并报送项目监理机构。有分包单位的，分包单位编制的施工组织设计或（专项）施工方案均应由施工单位按规定完成相关审批手续后，报送项目监理机构审核。

对危及结构安全或使用功能的分项工程整改方案的报审，在证明文件中应有建设单位、设计单位、监理单位各方共同认可的书面意见。

《施工组织设计或（专项）施工方案报审表》填写范例如下：

施工组织设计或（专项）施工方案报审表　　　　　　　表 B. 0. 1

工程名称：××综合楼　　　　　　　　　　　　　　　　　　　编号：×××

致：××综合楼项目监理机构（项目监理机构）
我方已完成××综合楼水暖工程施工组织设计或（专项）施工方案的编制，并按规定已完成相关审批手续，请予以审查。 附：☑施工组织设计 　　□专项施工方案 　　□施工方案   　　　　　　　　　　　　　　　　　　　施工项目经理部（盖章） 　　　　　　　　　　　　　　　　　　　项目经理（签字）××× 　　　　　　　　　　　　　　　　　　　20××年××月××日
审查意见： 　　1. 编审程序符合相关规定； 　　2. 本施工组织设计编制内容能够满足本工程施工质量目标、进度目标、安全生产和文明施工目标均满足施工合同要求； 　　3. 施工平面布置满足工程质量进度要求； 　　4. 施工进度、施工方案及工程质量保证措施可行； 　　5. 资金、劳动力、材料、设备等资源供应计划与进度计划基本衔接； 　　6. 安全生产保障体系及采用的技术措施基本符合相关标准要求。 　　　　　　　　　　　　　　　　　　　专业监理工程师（签字）××× 　　　　　　　　　　　　　　　　　　　20××年××月××日
审核意见： 　　同意专业监理工程师的审查意见；涉及工程质量和施工安全的关键工序、重要部位和高危作业等，总施工单位、专业分包单位的项目部负责人、安全主任、技术负责人及质量安全管理人员必须亲自把关，只有自检合格并申报验收合格后，方能进入下道工序施工；严格按照经审查批准的本《施工组织设计或（专项）施工方案报审表》组织施工，确保符合国家工程建设标准强制性条文的要求，确保本工程安全和质量万无一失。同时，此施工组织设计及专项（高危作业）施工方案的批准，不涉及工程造价的变化。   　　　　　　　　　　　　　　　　　　　项目监理机构（盖章） 　　　　　　　　　　　　　　　　　　　总监理工程师（签字、加盖执业印章）××× 　　　　　　　　　　　　　　　　　　　20××年××月××日
审批意见（仅对超过一定规模的危险性较大分部分项工程专项方案）：   　　　　　　　　　　　　　　　　　　　建设单位（盖章） 　　　　　　　　　　　　　　　　　　　建设单位代表（签字）××× 　　　　　　　　　　　　　　　　　　　20××年××月××日

注：本表一式三份，项目监理机构、建设单位、施工单位各一份。

2. 工程开工报审表（B.0.2）

《工程开工报审表》适用于单位工程项目开工报审。在《工程开工报审表》中，建设项目或单位工程名称应与施工图中的工程名称一致；证明文件是指证明已具备开工条件的相关资料（施工组织设计的审批、施工现场质量管理检查记录表的内容审核情况、主要材料、设备的准备情况、现场临时设施等的准备情况说明）。本表必须由项目经理签字并加盖施工单位公章。

本表项目总监理工程师应根据《建设工程监理规范》第5.1.8条款中所列条件审核后签署意见，并报建设单位同意后签发开工令。

《工程开工报审表》填写范例如下：

工 程 开 工 报 审 表   **表 B.0.2**

工程名称：<u>××工程</u>   编号：<u>×××</u>

致：××有限公司（建设单位）
    ××监理公司（项目监理机构）
    我方承担的<u>卫生器具及给水配件安装</u>工程，已完成了相关准备工作，具备了开工条件，特申请于20××年××月××日开工，请予以审批。
    附：1. 开工报告（略）
        2. 证明文件
        ①《建设工程施工许可证》（复印件）。
        ②施工组织设计。
        ③施工测量放线。
        ④现场主要管理人员和特殊工种人员资格证、上岗证。
        ⑤现场管理人员、机具、施工人员进场。
        ⑥工程主要材料已落实。
        ⑦施工现场道路、水、电、通信等已达到开工条件。

施工单位（盖章）
项目经理（签字）×××
20××年××月××日

审核意见：
    1. 经查《建设工程施工许可证》已办理。
    2. 施工现场主要管理人员和特殊工种人员资格证、上岗证符合要求。
    3. 施工组织设计已批准。
    4. 主要人员（项目经理、专业技术管理人员等）已进场，部分材料已进场。
    5. 施工现场道路、水、电、通信已达到开工要求。
    经审查，本工程现场准备工作满足开工要求，请建设单位审批。

项目监理机构（盖章）
总监理工程师（签字、加盖执业印章）×××
20××年××月××日

审批意见：
    本工程已取得施工许可证，相关资金已经落实并按合同约定拨付施工单位，同意开工。

建设单位（盖章）
建设单位代表（签字）×××
20××年××月××日

注：本表一式三份，项目监理机构、建设单位、施工单位各一份。

3. 工程复工报审表（B.0.3）

《工程复工报审表》用于因各种原因工程暂停后，停工原因消失后，施工单位准备恢复施工，向监理单位提出复工申请时。工程复工报审时，应附有能够证明已具备复工条件的相关文件资料，包括相关检查记录、有针对性的整改措施及其落实情况、会议纪要、影像资料等。

在《工程复工报审表》中，证明文件可以为相关检查记录、制定的针对性整改措施及措施的落实情况、会议纪要、影像资料等。当导致暂停的原因是危及结构安全或使用功能时，整改完成后，应有建设单位、设计单位、监理单位各方共同认可的整改完成文件，其中涉及建设工程鉴定的文件必须由有资质的检测单位出具。

收到施工单位报送的《工程复工报审表》后，经专业监理工程师按照停工指示或监理部发出的《工程暂停令》指出的停工原因进行调查、审核和评估，并对施工单位提出的复工条件证明资料进行审核后提出意见，由总监理工程师做出是否同意申请的批复。

《工程复工报审表》填写范例如下：

工程复工报审表　　　　　　　　　　　　**表 B.0.3**

工程名称：××工程　　　　　　　　　　　　　　　　　编号：×××

致：××监理公司（监理机构） 　　编号为×××《工程暂停令》所停工的室外给水管道安装部位，现已满足复工条件，我方申请于20××年××月××日复工，请予以审批。 　　附：证明文件资料 　　1. 特殊工种施工人员交底记录； 　　2. 6月21日进场管材及阀门复试报告； 　　3. 合格证明书（复印件各1份）。 　　　　　　　　　　　　　　　　　　　　施工项目经理部（盖章） 　　　　　　　　　　　　　　　　　　　　项目经理（签字）××× 　　　　　　　　　　　　　　　　　　　　20××年××月××日
审查意见： 　　经核查，材料复试合格，同意用于本工程施工。   　　　　　　　　　　　　　　　　　　　　项目监理机构（盖章） 　　　　　　　　　　　　　　　　　　　　总监理工程师（签字）××× 　　　　　　　　　　　　　　　　　　　　20××年××月××日
审批意见： 　　经核查，条件已具备，同意复工要求。   　　　　　　　　　　　　　　　　　　　　建设单位（盖章） 　　　　　　　　　　　　　　　　　　　　建设单位代表（签字）××× 　　　　　　　　　　　　　　　　　　　　20××年××月××日

　　注：本表一式三份，项目监理机构、建设单位、施工单位各一份。

4. 分包单位资格报审表（B.0.4）

《分包单位资格报审表》适用于各类分包单位的资格报审，包括劳务分包和专业分包。

在填写《分包单位资格报审表》时，应注意以下事项：

（1）在施工合同中已约定由建设单位（或与施工单位联合）招标确定的分包单位，施工单位可不再报审。

（2）分包单位的名称应按《企业法人营业执照》全称填写。

（3）分包单位资质材料主要包括：营业执照、企业资质等级证书、安全生产许可文件、专职管理人员和特种作业人员的资格证书等；还应包括：特殊行业施工许可证、国外（境外）企业在国内施工工程许可证、拟分包工程的内容和范围等证明资料。

（4）分包单位资质材料应注意资质年审合格情况，防止越级分包。

（5）分包单位业绩材料是指分包单位近三年完成的与分包工程内容类似的工程及质量情况。

《分包单位资格报审表》填写范例如下：

分包单位资格报审表　　　　　　　　　　　表 B.0.4

工程名称：××工程　　　　　　　　　　　　　　　　　编号：×××

致：××监理公司（项目监理机构） 　　经考察，我方认为拟选择的××安装工程公司（分包单位）具有承担下列工程的施工或安装资质和能力，可以保证本工程项目按合同第××条款的约定进行施工或安装。分包后，我方仍承担本工程施工合同的全部责任。请予以审查和批准。		
分包工程名称（部位）	分包工程量	分包工程合同额
给水排水安装工程	45000m²	××万（人民币）
合计		××万（人民币）
附： 　1. 分包单位资质材料：营业执照、资质证书、安全生产许可证等证书复印件。 　2. 分包单位业绩材料：近3年类似工程施工业绩。 　3. 分包单位专职管理人员和特种作业人员的资格证书：各类人员资格证书复印件12份。 　4. 施工单位对分包单位的管理制度。 　　　　　　　　　　　　　　　　　　　施工项目经理部（盖章） 　　　　　　　　　　　　　　　　　　　项目经理（签字）××× 　　　　　　　　　　　　　　　　　　　20××年××月××日		
审查意见： 　　经审查该分包单位具备分包条件，拟同意分包，请总监理工程师审核。 　　　　　　　　　　　　　　　　　　　专业监理工程师（签字）××× 　　　　　　　　　　　　　　　　　　　20××年××月××日		
总监理工程师审查意见： 　　同意分包。 　　　　　　　　　　　　　　　　　　　项目监理机构（盖章） 　　　　　　　　　　　　　　　　　　　总监理工程师（签字）××× 　　　　　　　　　　　　　　　　　　　20××年××月××日		

注：本表一式三份，项目监理机构、建设单位、施工单位各一份。

5. 施工控制测量成果报验表（B.0.5）

《施工控制测量成果报验表》用于施工单位施工控制测量完成并自检合格后，报送项目监理机构复核确认。

测量放线的专业测量人员资格（测量人员的资格证书）及测量设备资料（施工测量放线使用测量仪器的名称、型号、编号、校验资料等）应经项目监理机构确认。测量依据资料及测量成果包括下列内容：

（1）平面、高程控制测量：需报送控制测量依据资料、控制测量成果表（包含平差计算表）及附图。

（2）定位放样：报送放样依据、放样成果表及附图。

收到施工单位报送的《施工控制测量成果报验表》后，报专业监理工程师批复。专业监理工程师按标准规范有关要求，进行控制网布设、测点保护、仪器精度、观测规范、记录清晰等方面的检查、审核，意见栏应填写是否符合技术规范、设计等的具体要求，重点应进行必要的内业及外业复核；符合规定时，由专业监理工程师签认。

《施工控制测量成果报验表》填写范例如下：

施工控制测量成果报验表　　　　　　　　**表 B.0.5**

工程名称：××工程　　　　　　　　　　　　　　　　　　　编号：×××

致：××项目监理机构（项目监理机构） 　　我方已完成××工程原地貌标高和建筑红线的施工控制测量，经自检合格，请予以查验。 　　附：1. 施工控制测量依据资料：规划红线、基准或基准点、引进水准点标高文件资料；总平面布置图。 　　　　2. 施工控制测量成果表：施工测量放线成果表。 　　　　3. 测量人员的资料证书及测量设备检定证书。   <div align="right">施工项目经理部（盖章） 项目技术负责人（签字）××× 20××年××月××日</div>
审查意见： 　　经设计、监理和建设单位现场代表于20××年××月××日至××月××日对施工方申报部位的控制测量成果进行了现场复测核验，符合设计图纸及规划局放线要求，符合相关规范要求精度，放线结果正确，现场检验合格，同意向政府规划部门（或建设单位）申报施工放线核准手续，申领《××市建设工程放线记录册》后可进行下道工序的施工。   <div align="right">项目监理机构（盖章） 专业监理工程师（签字）××× 20××年××月××日</div>

　　注：本表一式三份，项目监理机构、建设单位、施工单位各一份。

6. 工程材料、构配件或设备报审表（B.0.6）

《工程材料、构配件或设备报审表》用于施工单位对工程材料、构配件、设备在施工单位自检合格后，向项目监理机构报审。

填写《工程材料、构配件或设备报审表》时，应写明工程材料、构配件或设备的名称、进场时间、拟使用的工程部位等。

质量证明文件是指：生产单位提供的合格证、质量证明书、性能检测报告等证明资料。进口材料、构配件、设备应有商检的证明文件；新产品、新材料、新设备应有相应资质机构的鉴定文件。如无证明文件原件，需提供复印件，但应在复印件上加盖证明文件提供单位的公章。

自检结果是指：施工单位对所购材料、构配件、设备清单、质量证明资料核对后，对工程材料、构配件、设备实物及外部观感质量进行验收核实的自检结果。

由建设单位采购的主要设备则由建设单位、施工单位、项目监理机构进行开箱检查，并由三方在开箱检查记录上签字。

进口材料、构配件和设备应按照合同约定，由建设单位、施工单位、供货单位、项目监理机构及其他有关单位进行联合检查，检查情况及结果应形成记录，并由各方代表签字认可。

工程材料、构配件或设备报审表　　　　　表 B.0.6

工程名称：××工程　　　　　　　　　　　　　　　　　　编号：×××

致：××监理公司（项目监理机构） 　　于20××年××月××日进场的拟用于工程4层室内给水管道部位的给水铸铁管及复合管材，经我方检验合格，现将相关资料报上，请予以审查。 　　附件： 　　1. 工程材料、构配件或设备清单：本次管材进场清单。 　　2. 质量证明文件 　　（1）质量证明书； 　　（2）管材见证取样复试报告。 　　3. 自检结果 　　外观、尺寸符合要求。   　　　　　　　　　　　　　　　　　　　　施工项目经理部（盖章） 　　　　　　　　　　　　　　　　　　　　项目经理（签字）××× 　　　　　　　　　　　　　　　　　　　　20××年××月××日
审查意见： 　　经检查上述工程材料，符合设计文件和规范的要求，准许进场，同意使用于拟定部位。   　　　　　　　　　　　　　　　　　　　　项目监理机构（盖章） 　　　　　　　　　　　　　　　　　　　　专业监理工程师（签字）××× 　　　　　　　　　　　　　　　　　　　　20××年××月××日

注：本表一式二份，项目监理机构、施工单位各一份。

7. 报审、报验表（B.0.7）

《报审、报验表》为报审、报验的通用表式，主要用于检验批、隐蔽工程、分项工程的报验。此外，也用于关键部位或关键工序施工前的施工工艺质量控制措施和施工单位试验室、用于试验测试单位、重要材料/构配件/设备供应单位、试验报告、运行调试等其他内容的报审。

有分包单位的，分包单位的报验资料应由施工单位验收合格后向项目监理机构报验。表中施工单位签名必须由施工单位相应人员签署。

隐蔽工程、检验批、分项工程需经施工单位自检合格后并附有相应工序和部位的工程质量检查记录，报送项目监理机构验收。

《报审、报验表》填写时，应注意以下事项：

（1）用于隐蔽工程的检查和验收时，施工单位完成自检后填报本表，在填报本表时应附有相应工序和部位的工程质量检查记录。

（2）用于试验报告、运行调试的报审时，由施工单位完成自检合格，填报本表并附上相应工程试验、运行调试记录等资料及规范对应条文的用表，报送项目监理机构。

（3）用于试验检测单位、重要建筑材料设备供应单位及施工单位人员资质报审时，由试验检测单位、施工单位提供资质证书、营业执照、岗位证书等证明文件（提供复印件的应由本单位在复印件上加盖红章）按时向项目监理机构报验。

《报审、报验表》填写范例如下：

报 审 、 报 验 表　　　　　　　　　　　表 B.0.7

工程名称：××工程　　　　　　　　　　　　　　　　编号：×××

致：××监理机构（项目监理机构） 　　我方已完成<u>室内供热管道及配件安装</u>工作，经自检合格，现将有关资料报上，请予以审查或验收。 　　附： 　　　　□隐蔽工程质量检验资料 　　　　☑检验批质量检验资料：室内采暖管道及配件安装工程检验批质量验收记录表 　　　　□分项工程质量检验资料 　　　　□施工试验室证明资料 　　　　□其他   　　　　　　　　　　　　　　　　　　　　施工项目经理部（盖章） 　　　　　　　　　　　　　　　　项目经理或项目技术负责人（签字）××× 　　　　　　　　　　　　　　　　　　　20××年××月××日
审查或验收意见： 　　经现场验收检查，室内采暖管道及配件安装质量符合设计和规范要求，同意进行下一道工序。   　　　　　　　　　　　　　　　　　　　　　项目监理机构（盖章） 　　　　　　　　　　　　　　　　　　专业监理工程师（签字）××× 　　　　　　　　　　　　　　　　　　　20××年××月××日

注：本表一式二份，项目监理机构、施工单位各一份。

22

8. 分部工程报验表（B.0.8）

《分部工程报验表》用于项目监理机构对分部工程的验收。分部工程所包含的分项工程全部自检合格后，施工单位报送项目监理机构。在分部工程完成后，应根据专业监理工程师签认的分项工程质量评定结果进行分部工程的质量等级汇总评定，填写《分部工程报验表》报项目监理机构。总监理工程师组织对分部工程进行验收，并提出验收意见。

《分部工程报验表》中的分部工程质量控制资料包括：《分部（子分部）工程质量验收记录表》及工程质量验收规范要求的质量控制资料、安全及功能检验（检测）报告等。

《分部工程报验表》填写范例如下：

表 B.0.8

分部工程报验表

工程名称：××工程 　　　　　　　　　　　　　　　　　编号：×××

致：××监理公司（项目监理机构） 　　我单位已完成了<u>水暖工程的施工</u>工作，现将有关资料报上，请予以审查和验收。 　　附件：分部工程质量控制资料 　　1. 分部工程质量验收记录； 　　2. 单位工程质量控制资料核查记录； 　　3. 单位工程安全和功能检验资料核查及主要功能抽查记录； 　　4. 单位工程观感质量检查记录； 　　5. 水暖分部工程质量验收证明书。   <div align="right">施工项目经理部（盖章） 项目技术负责人（签字）××× 20××年××月××日</div>
验收意见： 　　1. 所报附件材料真实、齐全、有效。 　　2. 所报水暖工程施工质量符合施工验收规范和设计要求。 　　综上所述，该主体工程施工质量可评为合格。   <div align="right">专业监理工程师（签字）××× 20××年××月××日</div>
验收意见： 　　同意验收。   <div align="right">项目监理机构（盖章） 总监理工程师（签字）××× 20××年××月××日</div>

注：本表一式三份，项目监理机构、建设单位、施工单位各一份。

9. 监理通知回复（B.0.9）

《监理通知回复》用于施工单位在收到《监理通知单》后，根据通知要求进行整改、自查合格后，向项目监理机构报送回复意见。回复意见应根据《监理通知单》的要求，简要说明落实整改的过程、结果及自检情况，必要时应附整改相关证明资料，包括检查记录、对应部位的影像资料等。

收到施工单位报送的《监理通知回复》后，一般可由原发出通知单的专业监理工程师对现场整改情况和附件资料进行核查，认可整改结果后，由专业监理工程师签认。

《监理通知回复》填写范例如下：

监 理 通 知 回 复　　　　　　　　　　**表 B.0.9**

工程名称：××工程　　　　　　　　　　　　　　　　　　　编号：×××

致：××监理公司（项目监理机构） 　　我方接到编号为×××的监理通知单后，已按要求完成了对一区Ⅱ段给水系统干管安装的质量问题的整改工作，请予以复查。 　　附：需要说明的情况 　　我项目部收到《监理通知》后，立即组织有关人员对一区Ⅱ段已完成的给水系统干管安装工程进行全面质量复查，共发现问题 6 处，已经进行整改处理。经自检达到规范要求，同时对水暖工长及其班组进行质量教育，提高其质量意识，杜绝此类问题，确保工程质量。   　　　　　　　　　　　　　　　　　　　　　　施工项目监理机构（盖章） 　　　　　　　　　　　　　　　　　　　　　　项目经理（签字）××× 　　　　　　　　　　　　　　　　　　　　　　20××年××月××日
复查意见： 　　经复查验收，已对通知单中所提问题进行整改，并符合设计和规范要求。要求在今后的施工过程中引起重视，避免此类问题的再次发生。   　　　　　　　　　　　　　　　　　　　　　　项目监理机构（盖章） 　　　　　　　　　　　　　　　　　　　　　　总监理工程师或专业监理工程师（签字）××× 　　　　　　　　　　　　　　　　　　　　　　20××年××月××日

注：本表一式三份，项目监理机构、建设单位、施工单位各一份。

10. 单位工程竣工验收报审表（B.0.10）

《单位工程竣工验收报审表》用于单位（子单位）工程完成后，施工单位自检符合竣工验收条件后，向建设单位及项目监理机构申请竣工验收。

施工单位已按工程施工合同约定完成设计文件所要求的施工内容，并对工程质量进行了全面自检，在确认工程质量符合法律、法规和工程建设强制性标准规定、符合设计文件及合同要求后，向项目监理机构填报《单位工程竣工验收报审表》。项目监理机构在收到《单位工程竣工验收报审表》后应及时组织工程竣工预验收。

表中质量验收资料是指：能够证明工程按合同约定完成并符合竣工验收要求的全部资料，包括单位工程质量控制资料，有关安全和使用功能的检测资料，主要使用功能项目的抽查结果等。对需要进行功能试验的工程（包括单机试车、无负荷试车和联动调试），应包括试验报告。

表中质量验收资料是指：能够证明工程按合同约定完成并符合竣工验收要求的全部资料，包括各分部（子分部）工程验收记录、单位（子单位）工程质量控制资料核查记录、单位（子单位）工程安全和功能检验资料核查及主要功能抽查记录、单位（子单位）工程观感质量检查记录表等。对需要进行功能试验的工程（包括单机试车、无负荷试车和联动调试），应包括试验报告。

《单位工程竣工验收报审表》填写范例如下：

单位工程竣工验收报审表　　　　　　　　　　表 B.0.10

工程名称：××工程　　　　　　　　　　　　　　　编号：×××

致：××监理公司（项目监理机构） 　　我方已按施工合同要求完成热水供应系统辅助设备安装工程，经自检合格，现将有关资料报上，请予以预验收。 　　附件： 　　1. 工程质量验收报告：工程竣工报告。 　　2. 工程功能检验资料 　　（1）单位（子单位）工程质量竣工验收记录； 　　（2）单位（子单位）工程质量资料核查记录； 　　（3）单位（子单位）工程安全和功能检验资料核查及主要功能抽查记录； 　　（4）单位（子单位）工程观感质量检查记录。 　　　　　　　　　　　　　　　　　　　　施工单位（盖章） 　　　　　　　　　　　　　　　　　　　项目经理（签字）××× 　　　　　　　　　　　　　　　　　　　20××年××月××日
审查意见： 　　经预验收，该工程 　　1. 符合我国现行法律、法规要求； 　　2. 符合我国现行工程建设标准； 　　3. 符合设计文件要求； 　　4. 符合施工合同要求。 　　综上所述，该工程预验收合格，可以组织正式验收。 　　　　　　　　　　　　　　　　　　　　项目监理机构（盖章） 　　　　　　　　　　　　　　　总监理工程师（签字、加盖执业印章）××× 　　　　　　　　　　　　　　　　　　　20××年××月××日

注：本表一式三份，项目监理机构、建设单位、施工单位各一份。

11. 工程款支付报审表（B.0.11）

《工程款支付报审表》适用于施工单位工程预付款、工程进度款、竣工结算款、工程变更费用、索赔费用的支付申请，项目监理机构对申请事项进行审核并签署意见，经建设单位审批后作为工程款支付的依据。施工单位应按合同约定的时间，向项目监理机构提交工程款支付报审表。施工单位提交工程款支付报审表时，应同时提交与支付申请有关的资料，如已完成工程量报表、工程竣工结算证明材料、相应的支持性证明文件。

《工程款支付报审表》中的附件是指与付款申请有关的资料，如已完成合格工程的工程量清单、价款计算及其他与付款有关的证明文件和资料。

《工程款支付报审表》填写范例如下：

<table>
<tr><td colspan="2" align="center">工程款支付报审表</td><td align="right">表 B.0.11</td></tr>
</table>

工程名称：北京××工程   编号：×××

致：北京××监理公司（项目监理机构） 　　我方已完成室内采暖管道及配件安装工程的验收工作，按施工合同的规定，建设单位应在20××年××月×× 日前支付该项工程款共计（大写）人民币壹仟玖佰玖拾叁万柒仟贰佰伍拾柒元整（小写）¥19937257.00 元，现将有关资料报上，请予以审核。 　　附件： 　　☑已完成工程量报表：见附件 　　□工程竣工结算证明材料 　　☑相应的支持性证明文件：见附件 　　　　　　　　　　　　　　　　　　　　　施工项目经理部（盖章） 　　　　　　　　　　　　　　　　　　　　　项目经理（签字）××× 　　　　　　　　　　　　　　　　　　　　　20××年××月××日
审查意见： 　　1. 施工单位应得款为：19611038.00 元； 　　2. 本期应扣款为：408236.00 元； 　　3. 本期应付款为：19202802.00 元。 　　附件：相应支持性材料 　　　　　　　　　　　　　　　　　　　　　专业监理工程师（签字）××× 　　　　　　　　　　　　　　　　　　　　　20××年××月××日
审核意见： 　　经审核，专业监理工程师审查结果正确，请建设单位审批。 　　　　　　　　　　　　　　　　　　　　　项目监理机构（盖章） 　　　　　　　　　　　　　　　　　　　　　总监理工程师（签字、执业印章）××× 　　　　　　　　　　　　　　　　　　　　　20××年××月××日
审批意见： 　　同意监理意见，支付本次工程款共计人民币壹仟玖佰贰拾万贰仟捌佰零贰元整。 　　　　　　　　　　　　　　　　　　　　　建设单位（盖章） 　　　　　　　　　　　　　　　　　　　　　建设单位代表（签字）××× 　　　　　　　　　　　　　　　　　　　　　20××年××月××日

注：本表一式三份，项目监理机构、建设单位、施工单位各一份；工程竣工结算报审时本表一式四份，项目监理机构、建设单位各一份，施工单位二份。

26

12. 施工进度计划报审表（B.0.12）

《施工进度计划报审表》为施工单位向项目监理机构报审工程进度计划的用表，由施工单位填报，项目监理机构审批。工程进度计划的种类有总进度计划、年、季、月、周进度计划及关键工程进度计划等，报审时均可使用该表。

填写《施工进度计划报审表》时，应注意以下事项：

（1）施工单位应按施工合同约定的日期，将总体进度计划提交监理工程师，监理工程师按合同约定的时间予以确认或提出修改意见。

（2）群体工程中单位工程分期进行施工的，施工单位应按照建设单位提供图纸及有关资料的时间，分别编制各单位工程的进度计划，并向项目监理机构报审。

（3）施工单位报审的总体进度计划必须经其企业技术负责人审批，且编制、审核、批准人员签字及单位公章齐全。

《施工进度计划报审表》填写范例如下：

施工进度计划报审表　　　　　　　　　　　　　　**表 B.0.12**

工程名称：××工程　　　　　　　　　　　　　　　　　　　　　编号：×××

致：××工程项目监理机构（项目监理机构） 　　我方根据施工合同的有关规定，已完成建筑中水系统及游泳池水系统安装工程施工进度计划的编制和批准，请予以审查。 　　附件：☑施工总进度计划：工程总进度计划 　　　　　□阶段性进度计划   　　　　　　　　　　　　　　　　　　　　　施工项目经理部（盖章） 　　　　　　　　　　　　　　　　　　　　　项目经理（签字）××× 　　　　　　　　　　　　　　　　　　　　　20××年××月××日
审查意见： 　　经审查，本工程总进度计划施工内容完整，总工期满足合同要求，符合国家相关工期管理规定，同意按此计划组织施工。   　　　　　　　　　　　　　　　　　　　　　专业监理工程师（签字）××× 　　　　　　　　　　　　　　　　　　　　　20××年××月××日
审核意见： 　　同意按此施工进度计划组织施工。   　　　　　　　　　　　　　　　　　　　　　项目监理机构（盖章） 　　　　　　　　　　　　　　　　　　　　　总监理工程师（签字）××× 　　　　　　　　　　　　　　　　　　　　　20××年××月××日

注：本表一式三份，项目监理机构、建设单位、施工单位各一份。

13. 费用索赔报审表（B. 0. 13）

《费用索赔报审表》为施工单位报请项目监理机构审核工程费用索赔事项的用表。依据合同规定，非施工单位原因造成的费用增加，导致施工单位要求费用补偿时方可申请。施工单位在费用索赔事件结束后的规定时间内，填报费用索赔报审表，向项目监理机构提出费用索赔。《费用索赔报审表》中应详细说明索赔事件的经过、索赔理由、索赔金额的计算，并附上证明材料。证明材料应包括：索赔意向书、索赔事项的相关证明材料。收到施工单位报送的费用索赔报审表后，总监理工程师应组织专业监理工程师按标准规范及合同文件有关章节要求进行审核与评估，并与建设单位、施工单位协商一致后进行签认，报建设单位审批，不同意部分应说明理由。

《费用索赔报审表》填写范例如下：

费用索赔报审表　　　　　　　　　　　　　**表 B. 0. 13**

工程名称：××工程　　　　　　　　　　　　　　　编号：×××

致：××工程项目监理机构（项目监理机构） 　　根据施工合同专用合同条款第 15.1.2 第（3）、（4）条款，由于<u>甲供材料未及时进场，致使工程工期延误，且</u>造成我公司现场施工人员窝工的原因，我方申请索赔金额（大写）<u>叁万柒仟</u>人民币，请予批准。 　　索赔理由：<u>因甲供材料（进口大理石石材）未及时进场，致使工程工期延误，且造成我公司现场施工人员窝工，及其他后续工序无法正常进行。</u> 　　附件：□索赔金额的计算 　　　　　□证明材料 　　　　　　　　　　　　　　　　　　　施工项目经理部（盖章） 　　　　　　　　　　　　　　　　　　　项目经理（签字）××× 　　　　　　　　　　　　　　　　　　　20××年××月××日
审核意见： 　　□不同意此项索赔。 　　☑同意此项索赔，索赔金额为（大写）<u>人民币壹万叁仟陆佰元整</u>。 　　同意/不同意索赔的理由：<u>由于停工 10 天中，有 3 天为施工单位应承担的责任，另外有 2 天虽为开发商应承担的责任，但不影响机械使用及人员，可另作安排别的工种工作，故此 2 天只需赔付人工降效费，只有 5 天需赔付机械租赁费及人员窝工费。</u> 　　5×(1000+15×100)+2×10×60＝13700 元 　　注：根据协议机械租赁费每天按 1000 元、人员窝工费每天按 100 元、人工降效费每天按 60 元计算。 　　附件：□索赔审查报告 　　　　　　　　　　　　　　　　　　　项目监理机构（盖章） 　　　　　　　　　　　　　　　　　　　总监理工程师（签字、执业印章）××× 　　　　　　　　　　　　　　　　　　　20××年××月××日
审批意见： 　　同意监理意见。 　　　　　　　　　　　　　　　　　　　建设单位（盖章） 　　　　　　　　　　　　　　　　　　　建设单位代表（签字）××× 　　　　　　　　　　　　　　　　　　　20××年××月××日

　　注：本表一式三份，项目监理机构、建设单位、施工单位各一份。

14. 工程临时或最终延期报审表（B.0.14）

依据合同规定，非施工单位原因造成的工期延期，导致施工单位要求工期补偿时应采用《工程临时或最终延期审批表》。

施工单位在工程延期的情况发生后，应在合同规定的时限内填报工程临时延期报审表，向项目监理机构申请工程临时延期。工程延期事件结束，施工单位向工程项目监理机构最终申请确定工程延期的日历天数及延迟后的竣工日期。施工单位应详细说明工程延期依据、工期计算、申请延长竣工日期，并附上证明材料。收到施工单位报送的工程临时延期报审后，经专业监理工程师按标准规范及合同文件有关章节要求，对本表及其证明材料进行核查并提出意见，签认《工程临时或最终延期审批表》，并由总监理工程师审核后报建设单位审批。工程延期事件结束，施工单位向工程项目监理机构最终申请确定工程延期的日历天数及延迟后的竣工日期；项目监理机构在按程序审核评估后，由总监理工程师签认《工程临时或最终延期审批表》，不同意延期的应说明理由。

《工程临时或最终延期审批表》填写范例如下：

工程临时或最终延期报审表　　　　　　　　　　　　表 B.0.14

工程名称：××工程　　　　　　　　　　　　　　　　编号：×××

致：××监理公司（项目监理机构） 　　根据施工合同条款第××条（条款），由于<u>建设单位在项目部完成室内给水管道安装工程1～6层施工后未能及时支付工程款</u>，造成项目部资金周转困难的原因，我方申请工程临时/最终延期<u>3</u>（日历天），请予以批准。 　　附件： 　　1. 工程延期的依据及工期计算 　　（1）资金周转困难，工程材料不能及时到位。 　　（2）合同中的相关约定。 　　（3）影响施工进度网络计划。 　　（4）工期计算（略）。 　　2. 证明材料 　　（略） 　　　　　　　　　　　　　　　　　　　　施工项目经理部（盖章） 　　　　　　　　　　　　　　　　　　　　项目经理（签字）××× 　　　　　　　　　　　　　　　　　　　　20××年××月××日
审核意见： 　☑同意临时/最终延长工期<u>3</u>（日历天）。工程竣工日期从施工合同约定的<u>20××年××月××日</u>延迟到<u>20××</u>年<u>××</u>月<u>××</u>日。 　□不同意延长工期，请按约定竣工日期组织施工。 　　　　　　　　　　　　　　　　　　　　项目监理机构（盖章） 　　　　　　　　　　　　　　　　总监理工程师（签字、加盖执业印章）××× 　　　　　　　　　　　　　　　　　　　　20××年××月××日
审批意见： 　　同意临时延长工期3天。 　　　　　　　　　　　　　　　　　　　　项目监理机构（盖章） 　　　　　　　　　　　　　　　　　　　　总监理工程师（签字）××× 　　　　　　　　　　　　　　　　　　　　20××年××月××日

注：本表一式三份，项目监理机构、建设单位、施工单位各一份。

2.3.4 通用表（C类表）

一、工作联系单（C.0.1）

《工作联系单》用于项目监理机构与工程建设有关方（包括建设、施工、监理、勘察设计和上级主管部门）相互之间的日常书面工作联系，有特殊规定的除外。

工程建设有关方相互之间的日常书面工作联系，包括：告知、督促、建议等事项。

工作联系的内容包括：施工过程中，与监理有关的某一方需向另一方或几方告知某一事项或督促某项工作、提出某项建议等。

发出单位有权签发的负责人应为：建设单位的现场代表、施工单位的项目经理、监理单位的项目总监理工程师、设计单位的本工程设计负责人及项目其他参建单位的相关负责人等。

《工作联系单》填写范例如下：

工 作 联 系 单　　　　　　　　　　　　　表 C.0.1

工程名称：××工程　　　　　　　　　　　　　　　编号：×××

<table>
<tr><td>

致：××工程施工总承包项目部

　我方已与设计单位商定于20××年××月××日上午9时进行本工程设计交底和图纸会审工作，请贵方做好有关准备工作。

发文单位
负责人（签字）×××
20××年××月××日

</td></tr>
</table>

二、工程变更单（C.0.2）

《工程变更单》仅适用于依据合同和实际情况对工程进行变更时，在变更单位提出变更要求后，由建设单位、设计单位、监理单位和施工单位共同签认意见。

《工程变更单》应由提出方填写，写明工程变更原因、工程变更内容，并附必要的附件，包括：工程变更的依据、详细内容、图纸；对工程造价、工期的影响程度分析，及对功能、安全影响的分析报告。对涉及工程设计文件修改的工程变更，应由建设单位转交原设计单位修改工程设计文件。

《工程变更单》填写范例如下：

工 程 变 更 单　　　　　　　表 C.0.2

工程名称：××工程　　　　　　　　　　　　　　　　　编号：×××

致：××工程建设单位、××建设设计研究所、××项目监理机构
由于目前，对于室内给水系统安装工程项目，大多在柴油机房内设置喷雾灭火系统取代现有的 CO_2 系统原因，兹提出建议取消柴油发电机房内的 CO_2 灭火系统工程变更，请予以审批。 　　附件： 　　☑变更内容 　　☑变更设计图 　　☑相关会议纪要 　　□其他   　　　　　　　　　　　　　　　　　　　　　　　　　　　变更提出单位 　　　　　　　　　　　　　　　　　　　　　　　　　　　负责人：××× 　　　　　　　　　　　　　　　　　　　　　　20××年××月××日

工程数量增/减	无
费用增/减	无
工期变化	无

同意 施工项目经理部（盖章） 项目经理（签字）×××	同意 设计单位（盖章） 设计负责人（签字）×××
同意 项目监理机构（盖章） 总监理工程师（签字）×××	同意 建设单位（盖章） 负责人（签字）×××

　　注：本表一式四份，建设单位、项目监理机构、设计单位、施工单位各一份。

三、索赔意向通知书（C.0.3）

《索赔意向通知书》适用于工程中发生可能引起索赔的事件后，受影响的单位依据法律法规和合同要求，向相关单位声明/告知拟进行相关索赔的意向。

索赔意向通知书宜明确以下内容：

(1) 事件发生的时间和情况的简单描述；

(2) 合同依据的条款和理由；

(3) 有关后续资料的提供，包括及时记录和提供事件发展的动态；

(4) 对工程成本和工期产生的不利影响及其严重程度的初步评估；

(5) 声明/告知拟进行相关索赔的意向；

(6)《索赔意向通知书》应发送给拟进行相关索赔的对象，并同时抄送给项目监理机构。

《索赔意向通知书》填写范例如下：

索赔意向通知书　　　　　　　　　　　　　　表 C.0.3

工程名称：××工程　　　　　　　　　　　　　　　　　　编号：×××

致：××工程项目建设单位 　　××工程项目监理机构 　　根据《建设工程施工合同》专用合同条款第 15.1.2 第（3）、（4）（条款）的约定，由于发生了甲供材料未及时进场，致使工程工期延误，且造成我公司现场施工人员窝工事件，且该事件的发生非我方原因所致。为此，我方向××工程项目建设单位（单位）提出索赔要求。 　　附件：索赔事件资料   　　　　　　　　　　　　　　　　　　　提出单位（盖章） 　　　　　　　　　　　　　　　　　　　负责人（签字）××× 　　　　　　　　　　　　　　　　　　　20××年××月××日

3 水暖工程项目监理管理资料

3.1 监理规划

3.1.1 监理规划的内容

监理规划是项目监理机构全面开展建设工程监理工作的指导性文件。监理规划可在签订建设工程监理合同及收到工程设计文件后由总监理工程师组织编制，并应在召开第一次工地会议前报送建设单位。

监理规划应包括下列主要内容：

(1) 工程概况。

(2) 监理工作的范围、内容、目标。

(3) 监理工作依据。

(4) 监理组织形式、人员配备及进退场计划、监理人员岗位职责。

(5) 监理工作制度。

(6) 工程质量控制。

(7) 工程造价控制。

(8) 工程进度控制。

(9) 安全生产管理的监理工作。

(10) 合同与信息管理。

(11) 组织协调。

(12) 监理工作设施。

3.1.2 监理规划编制依据

1. 工程建设方面的法律、法规

(1) 国家所颁布的有关工程建设的法律、法规。任何地区或任何部门进行工程建设时，都必须遵守国家颁布的工程建设方面的法律、法规。

(2) 工程所在地或所属部门颁布的与工程建设相关的法规、规定和政策。工程建设必须遵守建设工程所在地颁布的与工程建设相关的法规、规定和政策，同时也必须遵守工程所属部门所颁布的与工程建设相关规定和政策。

(3) 工程建设的各种标准、规范。工程建设的各种标准、规范也具有法律地位，也必须遵守和执行。

2. 政府批准的工程建设文件

(1) 政府规划部门确定的规划条件、土地使用条件、环境保护要求及市政管理规定。

(2) 政府工程建设主管部门批准的可行性研究报告、立项批文。

3. 建设工程监理合同。在编写监理规划时，必须依据建设工程监理合同的以下内容：

（1）监理工作范围和内容。

（2）监理单位和监理工程师的权利和义务。

（3）有关监理规划方面的要求。

4. 其他建设工程合同。在编写监理规划时，应考虑其他建设工程合同关于业主和承建单位权利和义务的内容。

5. 项目业主的正当要求。根据监理单位应竭诚为客户服务的宗旨，在不超出合同职责范围的前提下，监理单位应最大限度地满足业主的正当要求。

6. 工程实施过程输出的有关工程信息

（1）初步设计、方案设计、施工图设计；

（2）工程招标投标情况；

（3）工程实施状况；

（4）重大工程变更；

（5）外部环境变化等。

3.1.3 监理规划的编制

（1）监理规划的编制应根据项目的实际情况，明确项目监理机构工作目标，确定具体的监理工作制度、程序、方法和措施，并应具有可操作性。

（2）监理规划编制的程序与依据应符合如下规定：

1）监理规划应在签订委托监理合同及收到设计文件后开始编制，完成后必须经监理单位技术负责人审核批准，并在召开第一次工地会议前报送建设单位；

2）监理规划应由总监理工程师主持，专业监理工程师参加编制；

3）编制监理规划应依据如下内容：

①建设工程的相关法律、法规及项目审批文件；

②与建设工程项目有关的标准、设计文件、技术资料；

③监理大纲、委托监理合同文件以及与建设工程项目相关的合同文件。

3.1.4 监理规划的审查

建设工程监理规划在编写完成后需要进行审核并经批准。监理规划审核的内容主要包括以下几方面：

（1）监理范围、工作内容及监理目标的审核。

（2）项目监理机构结构审核。

（3）监理工作制度审核。

（4）投资、进度、质量控制方法与措施的审核。

（5）工作计划审核。

3.1.5 监理规划的调整

1. 调整原因

正如前文所述，监理规划有适应性。任何工程项目的监理规划在其实施过程中并不是一成不变的，当实际情况或条件发生重大变化时需要进行必要的调整，其原因是：

（1）由于工程项目的内容和特点各自不同，因此对工程项目的理解，对工程项目管理的思路和经验，监理单位和其他涉及工程项目建设各方之间可能有不同的意见，当情况变化时应对监理规划进行适当调整；

（2）由于工程项目建设情况出现了重大改变（如工程规模有了改变、工期有重大修改、工程设计有重大变更等），必须对监理规划进行补充、修改和调整。

2. 调整步骤

需要对监理规划进行调整时，总监理工程师应先组织项目监理机构，内部研究并取得一致的意见后，并与参加工程项目建设有关方协商后，进行调整和修改。修改后的监理规划仍按原监理规划的审批程序办理。

3.1.6 监理规划编制范例

一、封面（表 3-1）

监理规划的封面 表 3-1

<table>
<tr><td>

××综合楼给水排水工程

监 理 规 划

监 理 单 位：××监理有限责任公司
总 监 理 工 程 师：×××
公司技术负责人：×××
日 期：20××年××月××日

</td></tr>
</table>

二、目录

1. 工程概况

2. 监理工作的范围、内容、目标

3. 监理工作依据

4. 监理组织形式、人员配备及进退场计划、监理人员岗位职责

5. 监理工作制度

6. 工程质量控制

7. 工程造价控制

8. 工程进度控制

9. 安全生产管理的监理工作

10. 合同与信息管理

11. 组织协调

12. 监理工作设施

三、正文

1. 工程概况

(1) 工程项目名称：××综合楼给水排水工程

(2) 工程项目地点：××区××路××号

(3) 建设单位名称：××建设有限公司

(4) 监理单位名称：××建筑咨询服务有限公司

(5) 工程项目建筑面积：7956m²

(6) 预计工程造价总额：960.45 万元

(7) 工程项目计划工期：300 天

(8) 工程质量标准：合格

(9) 工程项目设计单位名称：××建设工程设计室

(10) 工程项目承包单位名称：××建筑工程总公司

2. 监理工作的范围、内容、目标

(1) 监理工作范围

本工程监理工作的范围为土建、给水排水工程施工阶段监理。即从开工前准备到工程竣工验收全过程的质量、进度、造价控制及合同、信息管理，重大问题协调等服务工作。

(2) 监理工作的内容

1) 施工准备阶段的监理内容包括：参与设计交底；审定评估施工组织设计（施工方案）；查验测量放线成果；参加第一次工地会议；组织施工监理交底；核查开工条件。

2) 施工过程的监理内容包括：主要材料、构件、设备的质量认证，实物质量检查；现场施工情况的巡检，对进度、质量存在的问题提出整改要求；工程预检、隐检工作；检验批、分项分部工程验收；按月审查认定工程量及工程进度，签审工程付款凭证；审签现场洽商变更及有关手续；组织监理例会，整理、印发会议纪要；按月编制监理月报；调解业主与承包商、供应商之间的争议；现场、文明施工及安全工作的监理检查。

3) 竣工验收阶段的监理内容包括：组织工程预验收、对存在的问题缺陷提出整改要求，并对整改情况进行监督复查，直至达标；参加工程核验；监督检查施工单位竣工资料

的整理移交工作；协助业主办理竣工移交备案手续；监督完成施工单位与业主签订保修合同；监理资料组卷及存档工作；编制监理总结及工程质量评估报告；向业主归还提供的办公房屋物品等。

（3）监理工作目标

1）进度目标。满足工程施工合同约定的工期要求。

2）质量目标。施工质量达到施工合同规定的质量等级目标。

3）造价目标。以建设单位和施工单位签订的建设工程施工合同及其变更、协议为投资控制依据，按北京市工程概（预）算定额和国家及地方有关经济法规和规定正确地审核工程结算。

3. 监理工作依据

（1）《中华人民共和国建筑法》、《建设工程质量管理条例》、《中华人民共和国工程建设标准强制性条文—房屋建筑部分（2002 版）》及国家和地方有关工程建设的法律、法规。

（2）《建设工程监理规范》(GB/T 50319—2013)、《建设工程监理规程》(DBJ 01—41—2002)、《建筑工程资料管理规程》(DBJ 01—51—2003)等国家和地方有关工程建设的技术标准、规范、规程等。

（3）经有关部门批准的工程项目文件和设计文件。

（4）建设单位与监理单位签订的建设工程监理合同。

（5）建设单位与施工单位签订的建筑工程施工合同。

（6）市建设工程概算定额及有关规定。

4. 监理组织形式、人员配备及进退场计划、监理人员岗位职责

（1）监理组织形式，如图 3-1 所示。

（2）监理机构人员配备，见表 3-2。

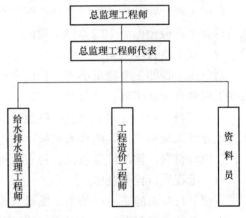

图 3-1　监理组织形式

监理机构人员配备　　　　　　　　　　　　表 3-2

序号	姓名	职务	性别	职称	专业	备注
1	×××	总监理工程师	男	高级工程师	工民建	北京市一级总监证
2	×××	监理工程师	男	高级工程师	给水排水	注册监理工程师证书
3	×××	造价工程师	男	工程师	造价	注册造价工程师证书
4	×××	资料员	女	资料员	信息管理	—

（3）监理人员进退场计划。监理人员的进退场时间根据工程进度情况有计划地进行安排。

（4）监理人员岗位职责：

1）总监理工程师的职责包括：对工程建设监理合同的实施负全面责任，并定期向监理单位报告工作；明确项目监理部职能部门及监理人员的岗位责任；组织编制工程项目监理规划和监理实施细则；主持监理工作会议，签发项目监理部重要文件，下达重要指令；审批、签署施工单位申报的重要申请和工程款支付证书；组织审查承包方的竣工申请，在认定承包方完成施工合同规定的工作内容并达到合同规定的标准后，向建设方办理工程交付；组织编制并签发监理月报；组织整理工程项目竣工监理资料档案，对工程项目的进度、质量、造价控制等工作做全面总结；组织实施工程项目保修期的监理工作；就工程项目的主要监理工作和情况记好监理日记。

2）总监理工程师代表的职责包括：完成所负责的岗位职责，协助总监理工程师工作，并记监理日记。按照总监理工程师的授权，行使总监理工程师的部分职责和权力。

3）监理工程师的职责包括：在总监理工程师的领导下，按照专业分工全面履行岗位职责，并相互配合对工程项目进行巡视、重点旁站、见证取样、分项（工序）、分部工程验收等工作，监督管理施工单位施工，并记监理日记。

5. 监理工作制度

（1）设计文件、图纸审查制度

监理工程师收到施工设计文件、图纸在工程开工前，会同建设、施工及设计单位对图纸进行会审，避免图纸中的差错、遗漏。

（2）开工报告审批制定

当单位工程的主要施工准备工作已完成时，施工单位可提出《工程开工报审表》，经监理工程师现场落实后，才可开工。

（3）材料、构配件检验及复验制度

在分部工程施工前，监理人员应审阅进场材料和构配件的出厂证明、材质证明、实验报告，填写材料、构配件合格证。对有疑问的主要材料进行抽样，不准使用不合格材料。

（4）工程质量检验制度

监理工程师对施工单位的施工质量有监督管理的权利和责任。监理工程师在检查工程中发现一般的质量问题，应及时通知施工单位及时改正，并做好记录。检验不合格可发出"不合格工程项目通知"，限期改正。如果施工单位不及时改正，情节较严重的，监理工程师可在报请建设单位同意的情况下，发出工程停工指令，指令部分工程、单项工程或全部工程暂停施工，待施工单位整改后，报监理组进行复验，合格后发出复工指令。

（5）隐蔽工程检查制度

隐蔽以前，施工单位应根据《工程质量评定验收标准》进行自检，并将评定资料报给监理工程师。施工单位还应将需检查的隐蔽工程在隐蔽前报监理工程师，监理工程师做到有计划地进行隐蔽工程检查。

（6）监理表格制度

为了规范监理作业程序，完善监理制度，确保工程项目竣工后的资料整理，特实行监理表格制度。

（7）监理日志制度

监理工程师应逐班将所从事的监理工作写入监理日志，特别是涉及设计、施工单位和需要返工、改正的事项，应详细做出记录。

（8）明确分工，责任到人制度

现场监理人员要加强监理力度，做到明确分工，责任到人。

（9）监理月报制度

每月由总监依据监理规范要求和工程的实际情况，组织监理月报的编写，月初（5号）前报业主。

（10）工地例会制度

每周由监理工程师组织业主、施工方举行一次例会，商讨工作中存在的质量、投资、进度、安全、合同管理中存在的问题，积极为双方排忧解难，确保工程顺利进行。

6. 工程质量控制

（1）工程质量的事前控制

1）参与设计交底

在设计交底前组织监理部各专业人员熟悉施工图纸，了解工程特点，各部位的质量要求，各专业之间综合管线的排列，在标高、位置、尺寸方面有无矛盾，然后将各专业在图纸上的问题汇总起来，交建设单位后转设计单位，以便设计单位在施工前解决答复。

2）核查施工单位的质量保证和质量管理体系

①核查施工单位的机构设置，人员配备，职责与分工的落实情况。

②检查各级管理人员及专业操作人员的持证上岗情况。

③检查施工单位质量管理制度是否健全。

④督促各级专职质量检查人员的配备。

⑤督促总包单位对所属分包单位检查上述条款落实情况。

3）审查分包单位的资质

①总施工单位填写《分包单位资质报审表》，报监理部审查。

②审查分包单位的营业执照、企业资质等级证书、专业许可证、岗位证书、外地施工企业进京施工许可证等。

③审查分包单位的业绩。

④经审查合格，签发《分包单位资质报审表》。

4）查验施工单位的测量放线

①查验施工控制网（平面和高程）。

②查验施工轴线控制桩位置。

③查验轴线位置，高程控制标志，核查垂直度控制。

④签认施工单位的《施工控制测量成果报验表》。

5）签认材料的报验

①施工单位应按有关规定对主要原材料进行复试，并将复试结果及材料准用证、出厂质量证明等资料随《工程材料、构配件或设备报审表》报项目监理部签认。

②对新材料、新产品要核查鉴定证明和确认文件。

③对进场材料进行取样试验工作，对取样试验室进行考察。

④审查混凝土、砌筑砂浆《配合比申请单和配合比通知单》，要求施工单位把《混凝土浇灌申请书》送监理备案，并应：

a. 对现场搅拌设备（含计量设备），现场管理进行检查。

b. 对商品混凝土生产厂家资质和生产能力进行考察。

6）签认建筑构配件、设备报验

①施工单位应要求供货单位提供构配件和设备厂家的资质证明和产品合格证明，进口材料和设备商检证明，并按规定进行复试。

②监理工程师应参与加工订货厂家的考察、评审，根据合同的约定参与订货合同的拟定和签约工作。

③进场的构配件和设备，施工单位应进行检验、测试，判断合格后填写《工程材料、构配件或设备报审表》报项目监理部。

④监理工程师进行现场检验，签认审查结论。

7）检查进场的主要施工设备

①施工单位主要施工设备进场并调试合格后，使用《月工、料、机动态表》报项目监理部。

②监理工程师应审查施工现场主要设备的规格、型号是否符合施工组织设计的要求。

③对需要定期检定的设备（如磅秤、仪器等）施工单位应有检定证明。

8）审查主要分部（分项）工程施工方案

①项目监理部可规定某些主要分部（分项）工程施工前，施工单位应将施工工艺、原材料使用、劳动力配置、质量保证措施等情况编写专项施工方案，填写《工程技术文件报审表》，报项目监理部。

②施工单位应将季节性的施工方案（雨施、冬施等），提前填写《工程技术文件报审表》报项目监理部。

③上述方案经监理工程师审定后，由总监签发审定结论。

④上述方案未经批准的，该分部（分项）工程不得施工。

（2）施工过程中的质量控制

1）巡视检查和旁站

①应在巡视过程中发现和纠正施工中因不符合要求所发生的问题。

②应对施工过程中的关键工序、特别工序、重点部位和关键控制点进行旁站。

③对所发现的问题应先口头通知施工单位改正，然后应由监理工程师签发《监理通知单》。

④施工单位应将整改结果书面回复，监理工程师进行复查。

2）核查工程预检

①施工单位填写《预检工程检查记录表》，监理工程师检查。

②监理工程师对《预检工程检查记录表》的内容到现场进行抽查和检查。

③对不合格的分项工程，通知施工单位整改，并跟踪复查，合格后准予进行下一道工序。

3）验收隐检工程

①施工单位按照有关规定对隐检工程先进行自检。自检合格，将《隐蔽工程检查记录表》报送项目监理部。

②监理工程师对《隐蔽工程检查记录表》的内容到现场进行检测、核查。

③对隐检不合格的工程应提出整改要求，不达到规范要求，不准予进行下一道工序。

④对隐检合格的工程应签认《隐蔽工程检查记录表》，并准予进行下一道工序。

4）分项工程验收

①施工单位在一个分部工程完成并自检合格后，填写《分部工程报验表》报项目监理部。

②监理工程师对报验的资料进行审查，并到施工现场进行抽查、核查。

③对符合要求的分项工程由监理工程师签认，并确定质量等级。

④对不符合要求的分项工程，由监理工程师签发《不合格项处置记录》，由施工单位整改。

⑤经返工或返修的分项工程应按质量评定标准进行再评定和签认。

⑥给水排水工程的分项工程签认，必须在施工试验、检测完备、合格后进行。

5）分部工程验收

①施工单位在分部工程完成后，应根据监理工程师签认的分项工程质量评定结果进行分部工程的质量等级汇总评定，填写《分部工程报验表》，并附《分部工程质量检验评定表》，报项目监理部签认。

②单位工程基础分部已完成，进入主体结构施工时，或主体结构完，进入装修之前应进行基础和主体工程验收，施工单位填写《基础主体工程验收记录》申报；并由总监组织建设单位、施工单位和设计单位共同检查施工单位的施工技术资料，并进行现场质量验收，由各方协商验收意见，并在（基础主体工程验收记录）上签字认可。

（3）工程竣工验收

1）工程达到交验条件时，项目监理部应组织各专业监理工程师对各专业工程的质量情况、使用功能进行全面检查，对发现影响竣工验收的问题签发《监理通知单》要求施工单位进行整改。

2）对需要进行功能试验的项目（包括无负荷试车），监理工程师应督促施工单位及时进行试验；监理工程师应认真审阅试验报告单，并对重要项目亲临现场监督，在必要时，应请建设及设计单位派代表参加。

3）工程竣工验收

①施工单位在工程项目自检合格达到竣工验收条件时，填写《单位工程验收记录》，并将全部竣工资料（包括分包单位的竣工资料）报建设单位和监理，申请竣工验收。

②总监理工程师组织项目监理部监理人员对质量保证资料进行核查，并督促施工单位完善。

③建设单位在竣工验收 5 日前向备案管理部门领取《工程竣工验收备案表》。

④建设单位在竣工验收 5 日前填写竣工验收通知书，呈报质量监督部门。

⑤在建设单位领导下，总监理工程师组织全体监理工程师，会同设计单位和施工单位共同对工程进行检查验收。

⑥验收结果需要对局部进行修改的，应在修改符合要求后再验，直至符合合同要求。

⑦验收结果符合合同要求后，由四方在《单位工程验收记录》上签字，并认定质量等级。

⑧竣工验收完成后，由项目总监理工程师和建设单位代表共同签署《竣工移交证书》，并由监理单位、建设单位盖章后，送施工单位一份。

⑨竣工验收完成后，监理单位向建设单位报送《工程质量评价书》，勘察设计单位报

送勘察设计质量评估文件。

⑩建设单位与施工单位签订工程保修合同，并办理消防、公安、环保绿化等主管部门对工程审批使用文件。

⑪建设单位按××市工程竣工验收备案管理暂行规定要求，填写竣工验收备案表，收集整理备案文件资料。于工程竣工验收后15日内报备案管理部门。

7. 工程造价控制

（1）造价控制依据

1）工程设计图纸、设计说明及设计变更、洽商。

2）市场价格信息。

3）××市工程概（预）算定额、取费标准、工期定额。

4）施工合同确定的合同造价有关条款及变更条款。

5）分项/分部工程质量报验表。

6）国家和本市有关经济法规和规定。

7）建设工程施工合同或协议条款。

（2）造价控制方法

1）应依据工程图纸、概预算、合同的工程量建立工程量台账。

2）审核施工单位编制的工程项目各阶段及各年、季、月度资金使用计划。

3）应通过风险分析，找出工程造价最容易突破的部分，最容易发生费用索赔的部位及原因，并制定防范性对策。

4）应经常检查工程计量和工程款支付的情况，对实际发生值与计划控制值进行分析、比较。

5）应严格执行工程计量和工程款支付的程序和时限要求。

6）通过《监理通知单》与建设单位、施工单位沟通信息，提出工程造价控制的建议。

（3）工程量计量

1）工程量计量原则上每月计量一次，计量周期为上月25日至本月25日。

2）施工单位每月26日前，根据工程实际进度及监理工程师签认的分项工程，填写《（　）月完成工程量报审表》，报项目监理部审核。

3）监理工程师对施工单位的申报进行核实（必要时与施工单位协商），所计量的工程量应经过总监理工程师同意，由监理工程师签认。

4）对某些特定的分项、分部工程的计量方法则由项目监理部、建设单位和施工单位协商约定。

5）对一些不可预见的工程量（如地基基础处理等），监理工程师应该同施工单位如实进行计量。

（4）工程款支付

1）工程预付款

①施工单位填写《工程款支付报审表》，报项目监理部。

②项目总监理工程师审核是否符合建设工程施工合同的规定，并及时签发《工程款支付证书》。

③监理工程师按合同的约定，及时抵扣工程预付款。

2）月支付工程款

①月支付工程款（包括工程进度款、设计变更及洽商款、索赔款等）时，施工单位应根据监理工程师审批的工程量，按照施工承包合同的规定（或工程量清单），计算工程款，并填写《月付款报审表》、《月支付汇总表》报项目监理部审核。

②监理工程师依据合同及北京市有关定额进行审核，确认应支付的工程进度款、设计变更及洽商款、索赔款等。

③监理工程师审核后，由项目总监理工程师签发《工程款支付证书》，报建设单位。

（5）竣工结算

1）工程竣工，经建设、设计、监理、施工单位验收合格后，施工单位应在规定的时间内向项目监理部提交竣工结算资料。

2）监理工程师及时进行审核，并与施工单位、建设单位协商和协调，提出审核意见。

3）总监理工程师根据各方协商的结论，签发竣工结算《工程款支付证书》。

4）建设单位收到总监理工程师签发的结算支付证书后，应及时按合同约定与施工单位办理竣工结算有关事项。

8. 工程进度控制

（1）进度控制原则

1）工程进度控制的依据是建设工程施工合同约定的工期目标。

2）在保证工程质量和安全的前提下，控制进度。

3）应采用动态的控制方法，对工程进度进行主动控制。

（2）进度控制方法

1）审批进度计划

①施工单位应根据建设工程施工合同的约定按时编制施工总进度计划、季度进度计划、月进度计划，并按时填写《施工进度计划报审表》，报项目监理部审批。

②监理工程师应根据本工程的条件（工程的规模、工艺复杂程度、质量标准、施工的现场条件、施工队伍的条件等），全面分析施工单位编制的施工总进度计划的合理性、可行性。

③监理工程师应审查进度网络计划的关键路线并进行分析；使计划达到日保旬，旬保月，月保总进度计划的要求。

④有重要的修改意见应要求施工单位重新申报。

⑤对季度及年度进度计划，应分析施工单位的申报。

⑥进度计划由总监签署意见批准实施并报送建设单位。

2）进度计划的实施监督

①在计划实施过程中，监理工程师应对施工单位实际进度进行跟踪监督，并对实施情况做出记录。

②每月中旬、月底对本月的进度计划进行检查评价分析，并制定相应的措施。

③发现偏离应签发《监理通知单》要求施工单位及时采取措施，实现计划进度的安排。

④施工单位每月 25 日前报《（ ）月工、料、机动态表》。

⑤对影响工程进度的要素，如人工、材料、设备落实情况，监理工程师要进行动态监

督，发现薄弱环节要及时组织处理解决。

⑥发现工程进度严重偏离计划时，总监应组织监理工程师进行分析，找出原因、研究措施，也可提出建议，并签发《监理通知单》。

⑦召开各方协调会议，研究应采取的措施，保证合同约定目标的实现。

9. 安全生产管理的监理工作

（1）监督施工单位坚持以"安全第一、预防为主"的方针，执行安全生产方针、政策、法规及国家行业、地方、企业等有关安全生产的各项规定，用规范化、标准化、制度化的科学管理方法，搞好安全施工，将安全生产纳入项目管理目标的重点，以安全促生产。

（2）监督施工单位建立健全安全保证体系。针对本工程的规模和特点，监督施工单位建立以项目经理为首，由现场经理、安全主管、专业责任工程师、专业施工单位等各方面的管理人员以及施工作业人员组成的安全保证体系。

（3）监督施工单位建立健全安全管理制度：

1）监督施工单位成立项目"安全生产领导小组"，项目经理全面负责安全生产工作，并结合本工程的特点及施工情况，制定各项安全生产的管理办法。

2）坚持生产必须安全的原则，落实安全生产方针、政策和各项规章制度，明确各相关部分的安全生产责任和考核指标，组织实施安全技术措施。

3）通过组织落实责任到人，定期检查，认真整改，杜绝重大安全事故，严格控制轻伤事故率。

（4）监督施工单位制定安全施工措施。监督施工单位制定土建工程、机电工程、高空作业、用电安全、施工机械及临边防护安全施工措施。

10. 合同与信息管理

（1）合同管理

1）向有关单位索取合同的副本，了解掌握合同内容，以便进行合同的跟踪、检查等。

2）严格审查设计变更、工程洽商，所发生的设计变更、工程洽商必须经监理签认之后，施工单位方可执行。设计变更、工程洽商是施工图纸的补充，是监理工程的依据，监理部应该妥善保存与归档。

3）做好工程暂停及复工的管理。

4）关于工程延期的管理。

5）关于费用索赔的管理。

6）关于合同争议的调解与处理，监理部处理这一事件时要以公正的立场，解释合同的含义，妥善解决合同纠纷。

7）关于违约处理，正确掌握违约的处理原则，违约内容。

（2）信息管理

施工监理信息数量大，来源广，且内容复杂，整个施工过程中始终处于信息交换状态中，做好信息管理对工程采取新材料、新设备，提高工程质量有很大意义，所以一定要做好信息管理。

1）建立完善的工程信息管理机制，及时收集有关国家政策、法规、指令和新工艺、新材料、新设备、市场价格的变化及施工过程中各方面的动态，进行整理、筛选、传递、达到为工程服务。

2）运用电脑对工程进行进度、质量、造价控制和合同管理，向业主提供各类信息，定期提供各种监理报表。

3）建立工程监理例会制度，整理各种会议纪要。

4）督促有关各方按照规定填报工程技术、经济、监理等有关报表。

11. 组织协调

（1）重视与加强建设单位、承包方的协调与联系工作，建立畅通的联系渠道，为工程的顺利进行打下基础。

（2）对工程所涉及的各种合同关系进行协调，确保合同有效、顺利地实施。

（3）主持与参与建设单位、履约各方所参加的监理例会，使参加各方能够沟通情况，协调处理合同履行中的各项事宜。

（4）召开专题工地会议，解决现场施工中存在的专门问题。

（5）召开监理内部例会，使监理内部人员能够交流，研究工作情况，解决监理工作中所存在的问题。

12. 监理工作设施

项目监理部的监理工作设施配置按常规配置。

3.2 监理实施细则

3.2.1 监理实施细则编制原则

（1）针对工程项目施工中某一专业重要的、关键性的部位，或针对至关重要的施工步骤，将监理人员应采取的措施编写成监理实施细则。

（2）对采用新工艺、新材料、新技术或特殊结构的工程项目，由于对其施工工艺或某些部位的施工质量或施工安全经验不足，成功的期望值不易确定时，可编制监理实施细则。

（3）对于工程项目施工中的一般常规施工项目，是否需要编制监理实施细则，可由总监理工程师与专业监理工程师进行商定。监理单位可以采取编制通用的监理实施细则标准文本汇编的办法。

（4）监理实施细则编制完成后，一般经过总监理工程师批准后，报送所属监理单位技术管理部门备案，关系重大的还应报请监理单位技术总负责人审批。

（5）监理实施细则属于项目监理机构内部管理文件，一般可不报送建设单位，也不发给项目经理部。

3.2.2 监理实施细则编制依据

监理实施细则的编制应依据下列资料：

（1）监理规划。

（2）工程建设标准、工程设计文件。

（3）施工组织设计、（专项）施工方案。

3.2.3 监理实施细则编制程序

（1）监理实施细则应该根据已批准的项目监理规划的总要求，分段编写，并且应在相应的工程部分施工前编制完成，用以指导该专业的工程部分（或专门的分项工程、工序）监理工作的具体操作，确定监理工作应该达到的标准。

（2）监理实施细则是专门针对工程施工中一个具体的专业技术问题所编写的，例如建筑结构工程、给水排水工程、电气工程、装饰工程等。

（3）在编写监理实施细则之前，专业监理工程师应熟悉设计图纸及其说明文件，查阅有关工程监理、施工质量验收规范及工程建设强制性标准等有关文件。

（4）在实施建设工程监理的过程中，监理实施细则可根据实际情况进行补充、修改，并经总监理工程师批准后实施。

3.2.4 监理实施细则的内容

《建设工程监理规范》（GB/T 50319—2013）规定，监理实施细则应包括下列主要内容：

（1）专业工程特点。

（2）监理工作流程。

（3）监理工作要点。

（4）监理工作方法及措施。

3.2.5 监理实施细则编制范例

一、**封面**（表 3-3）

监理实施细则的封面 表 3-3

某公寓工程

水暖专业监理实施细则

编　制：×××
审　核：×××

某公寓工程建设监理有限责任公司
20××年××月××日

二、目录

1. 专业工程特点

2. 监理工作流程

3. 监理工作要点

4. 监理工作方法及措施

三、正文

1. 专业工程特点

（1）工程概况

本工程建设地点位于××市××区××路以南，我项目监理部所监工程为某公寓 2-1 号、2-2 号、2-3 号楼及地下车库，总建筑面积为 57930m²，地上 24 层，地下 2 层，建筑高度为 69.6m。

（2）工程特点

1）生活给水系统

①该楼给水系统分为 3 个区，即地下 1 层～地上 5 层为低区，6～18 层为中区，19～24 层为高区。

②低区供水方式由小区市政管网直供，中、高区供水方式由小区地下车库水泵房内生活水箱供水。中、高、低区生活叠压供水设备联合供水，自来水管网供水压力为 0.3MPa。

③生活给水用水定额为 140L/人，最高日用水量为 361.03m³。

2）污水、废水系统

①污水排水系统采用污水、废水合流制，全楼所有卫生器具所排污水通过枝状管网就近排至室外污水检查井。

②雨水为外落水排水方式。

③地下室集水坑废水采用潜污泵提升后排至室外。

④消防电梯排水井的潜水泵启闭由排水井液位自动控制，不要求高水位（液面距井底 800m）开泵、低水位（液面距井底 200m）停泵，其他集水坑的潜水泵启闭由集水井液位自动控制，要求高水位（液面距坑钉 200mm）开泵、低水位（液面距坑底 200mm）停泵。

3）消防系统

①该建筑属于一类高层住宅楼，消防设计包括消火栓给水系统及灭火器配置。

②该建筑室外消火栓的用水量为 15L/s，室内消火栓用水量为 20L/s。

③消火栓系统为环状管网供水系统，采用临时高压制，消火栓供水水量及水压由小区地下 1 层水泵房内消火栓供水泵及地下消防水池保证，小区消防水池出水量 $V = 598m^3$。

④该楼室内前期消防用水量、水压由 2～7 号楼屋顶消防水箱储存的消防用水量 $V = 18m^3$ 保证。

⑤消火栓箱屋顶为 SG24A65-J，规格为 800×650×240，立柜盘卷式单栓消火栓箱型号为 SG24D65-P，规格为 1600×700×240。地下 1 层～22 层消火栓栓口为稳压减压型，栓后压力为 0.35MPa。

⑥各层均设有磷酸铵盐干粉灭火器，型号为 MF/ABC4，每处两具，与消火栓同箱体

设置。配电室设磷酸铵盐干粉灭火器，型号为 MF/ABC4。

4）管材

①生活给水管道采用 DS-X 型钢塑复合管，住宅户内支管及垫层敷设管道均采用抗菌 PP-R 给水管道，管系列采用 S4 等级，热熔连接，在垫层内不得设有接口及三通等连接点。

②生活排水立管均采用 PPI 加强型内螺旋排水塑料管，排水横管均采用超低噪音排水塑料管。其他排水立管均采用 PPI 型专用雨水塑料管，所有外露雨水管道均采用防紫外线 PPI 型专用雨水塑料管。

③污水泵除出口一端管道采用加布橡胶软管外，其余均采用焊接钢管焊接。

④空调凝结水排水管采用 DN50UPVC 实壁管。空调板下 150mm 处设 45°斜三通。

⑤消火栓管道的低区和高区采用内外壁热镀锌钢管，加厚型管径小于 100mm 时采用丝扣连接；管径大于等于 100mm 时采用卡箍式连接，废水提升管道采用焊接钢管焊接。

⑥所有以上管道的管件必须与相应管道材质相匹配。

5）供暖系统

①本工程设分户计量，分室调节的采暖系统，采暖形式为底板辐射，住宅采暖系统供回水温度均为 40～50℃，采暖系统供回水管道均接自地下室供热站。

②采暖热指标为 33W/m²，采暖系统 1～10 层为低区，采暖热负荷为 570kW，采暖系统压力损失为 42.8kPa，11～21 层为中区，采暖热负荷为 570kW，采暖系统压力损失为 42.8kPa，22～24 为高区，采暖热负荷为 315kW，采暖系统压力损失为 48.3kPa。

③住宅户外采暖系统为下供下回同程式双管系统，户外采暖供、回水立管设于户外管井内，户内供水管上设置锁封调节阀、过滤器、组合式热表，户内回水管上设置锁封调节阀、平衡阀，户内采暖供、回水管由楼板垫层内敷设至户内厨房，在户内厨房设集分水器，户内采暖系统为底板敷设系统，每个房间为一个采暖回路，均接自厨房的集水器、分水器，室内地表面平均温度为 25℃。

④室外供热管网由供热站引入地下车库或地沟接至采暖用户，室外供热管网在地下车库顶风管下安装。

⑤热水管网与用户均采用直连，管网与已设计的建筑物采暖入口按实际位置连接。

⑥采暖热水管道在最低处设 DN32 排水阀，热水管道在最高处设热水自动放气阀。

⑦本小区供热管网及采暖用户均为变流量系统，采暖入口处均设有平衡阀，工作压力为 1.0MPa，安装时应注意介质流动方向，均为水平安装。

2. 监理工作流程

水暖专业监理工作流程如图 3-2 所示。

3. 监理工作要点

①室内给水系统安装工程

②室内排水系统安装工程

③雨水管道及配件安装工程

④卫生器具安装工程

⑤室内采暖系统安装工程

⑥管道防腐和保温工程

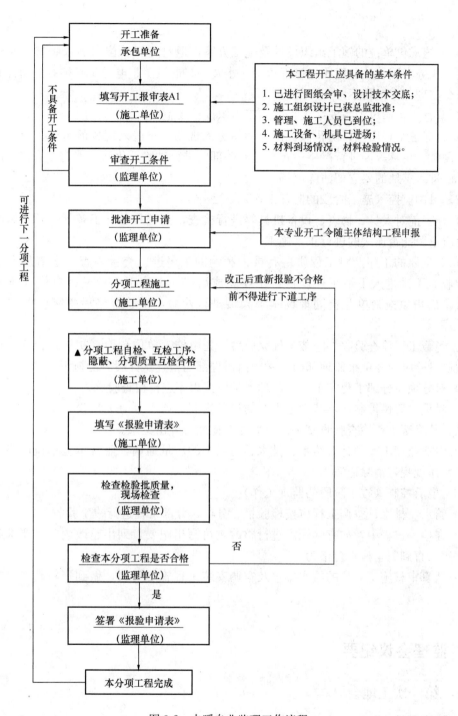

图 3-2 水暖专业监理工作流程

⑦附属设备安装质量控制要点

⑧成品保护工程

4. 监理工作方法及措施

（1）事前预控（施工准备阶段的监理工作）

1）熟悉设计图纸和组织图纸交底和图纸会审领会设计意图，了解工程特点和工程质量要求。

2）审核承包单位的施工组织设计及施工方案，但对施工单位参加水暖与通风施工人员数量、业务素质、从业资质也进行审核；水暖工、通风工、电焊工必须有上岗证并持复印件送交监理部存档备案。

3）审查水暖通风消防安装工程的施工组织设计及施工方案。

4）为保证工程质量，防止假冒伪劣商品进入现场，对进入现场的水暖、通风、消防材料、设备、机具等要进行严格检查或送有关部门进行试验、化验。严防不合格产品进入工地，已进入工地的要立即清除出场。

（2）事中监控（施工阶段的监理工作）

1）开工前对人员、物资、设备机具等进行检查，是否具备开工条件，开工后能够保证工程质量，能否连续的进行正常施工。

2）对主要的工序及对工程质量有重大影响的工序进行交接检查。上道工序不经检查、验收，不准进入下道工序。每道工序完成后，先由施工单位进行自检（即初检），认为合格后再填报验单并会同现场施工人员进行检验，检验合格后签字认可方能进行下道工序。

3）隐蔽工程检查验收。隐蔽工程完成后，先由施工单位自检（初检）合格后填报隐蔽工程质量验收通知单报监理部门，必须由监理部门检查认证后方能掩埋。

4）对分项、分部工程完工后，监理人员应按程序进行检查验收。

5）对重要质量控制点，特别是重要的设备安装，如水泵等大型设备安装，调试要进行旁站，其隐蔽工程检查验收签字认可后才能掩埋，并留记录。

6）专业监理工程师针对给水、排水、通风中的质量通病，监督承包单位严格遵守施工工艺操作规程，消除通病。

（3）事后控制（竣工阶段的监理工作）

1）给水、排水、空调工程应按检验批、分项、分部工程进行竣工验收。

2）在检查过程中，如有问题需进行整改，可写出纪要，列出整改内容，要求施工方限期改正，直到完全检查合格为止。

3）认真审核施工单位的给水排水及空调安装工程施工资料，做到资料真实可靠符合要求。

3.3 监理会议纪要

3.3.1 第一次工地会议

由建设单位主持召开的第一次工地会议是建设单位、工程监理单位和施工单位对各自人员及分工、开工准备、监理例会的要求等情况进行沟通和协调的会议。总监理工程师应介绍监理工作的目标、范围和内容、项目监理机构及人员职责分工、监理工作程序、方法和措施等。

第一次工地会议主要内容：

（1）建设单位、施工单位和工程监理单位分别介绍各自驻现场的组织机构、人员及其分工；

  （2）建设单位介绍工程开工准备情况；

  （3）施工单位介绍施工准备情况；

  （4）建设单位代表和总监理工程师对施工准备情况提出意见和要求；

  （5）总监理工程师介绍监理规划的主要内容；

  （6）研究确定各方在施工过程中参加监理例会的主要人员，召开监理例会的周期、地点及主要议题；

  （7）其他有关事项。

3.3.2 监理例会

  项目监理机构应定期召开监理例会，组织有关单位研究解决工程监理相关问题。监理例会由总监理工程师或其授权的专业监理工程师主持。专题会议是由总监理工程师或其授权的专业监理工程师主持或参加的，为解决监理过程中的工程专项问题而不定期召开的会议。专题会议纪要的内容包括会议主要议题、会议内容、与会单位、参加人员及召开时间等。

  监理例会、专题会议的会议纪要由项目监理机构负责整理，与会各方代表会签。

3.3.3 工地例会纪要范例

  一、第一次工地会议纪要（表 3-4）

表 3-4

第一次工地会议纪要范例

××办公楼水暖工程

第一次工地例会纪要

××建设监理有限公司××项目监理部编印（共×页）   签发：×××

会议时间：20××年××月××日（星期×）×时
 	
会议地点：××××
 	
会议主持人：×××
 	
会议记录人：×××
 	
出席人员：建设单位：×××、×××
      监理单位：×××、×××、×××、×××
      施工单位：×××、×××、×××、×××
 	
  本次会议由建设单位×××总工组织主持，监理单位××建设监理有限公司、施工单位××建筑工程有限公司参加了会议，会议的主要议程如下：
 	
  1. 各参建单位介绍各自驻现场的组织机构、人员及分工情况
 	
  2. 建设单位根据委托监理合同宣布对总监理工程师的授权
 	
  3. 建设单位介绍工程开工准备情况
 	
  4. 施工单位介绍施工准备情况
 	
  5. 建设单位对施工准备情况提出的意见和要求

6. 总监理工程师对施工准备情况提出的意见和要求

7. 总监理工程师介绍监理规划的主要内容

8. 确定工地例会周期、地点、参加的主要人员及主要议题

会议主要内容：

1. 各参建单位介绍各自驻现场的组织机构、人员及分工情况

单位	姓名	职责分工
建设单位	×××	总经理
	×××	现场总负责人
监理单位	×××	总监理工程师
	×××	专业监理工程师
	×××	监理员
	×××	监理员
	×××	监理员
施工单位	×××	项目经理
	×××	施工员
	×××	质量员
	×××	安全员
	×××	资料员

监理单位根据实际情况增加现场旁站监理员。

2. 建设单位根据委托监理合同宣布对总监理工程师的授权

(1) 确定人员的分工和岗位职责；

(2) 主持编写项目监理规划；

(3) 审查分包单位的资质；

(4) 主持监理工作会议；

(5) 审查和处理工程变更等。

3. 建设单位介绍工程开工准备情况

(1) 施工前各类手续办理情况；

(2) "七通一平"情况；

(3) 需要参见各方配合事项；

(4) 设计交底、图纸会审安排；

(5) 具体工作程序要求等。

4. 施工单位介绍施工准备情况

(1) 工程质量、进度、造价目标；

(2) 施工单位质量保证和安全文明施工情况；

(3) 施工管理人员和施工操作人员进场情况；

(4) 设备、构配件准备情况；

(5) 施工组织设计和施工方案准备。

5. 建设单位对施工准备情况提出的意见和要求

本工程的质量目标较高，施工单位要从高起点出发，按鲁班奖的要求来整体策划。

6. 总监理工程师对施工准备情况提出的意见和要求

（1）关于施工组织设计问题，监理单位要求承包单位必须先按照目前已有技术资料上报一份施工组织设计；

（2）承包单位质量体系及安全文明施工管理体系的有关程序文件应报送监理项目部备查。

7. 总监理工程师介绍监理规划的主要内容

工程概况；监理工作的范围、内容、目标；监理工作依据；监理组织形式、人员配备及进退场计划、监理人员岗位职责；监理工作制度；工程质量控制；工程造价控制；工程进度控制；安全生产管理的监理工作；合同与信息管理；组织协调；监理工作设施。

8. 确定工地例会周期、地点、参加的主要人员及主要议题

（1）工地例会周期：每月四次，分别为每周的周一上午 9：00，如遇特殊情况可另行召开专题例会。

（2）以后每次工地例会由项目监理组织、总监理工程师或总监理工程师代表主持，会议纪要由监理人员负责记录并分发。

（3）每次例会参加人员：

建设单位：项目负责人

监理单位：项目总监理工程或总监理工程师代表、专业监理工程师

施工单位：总包/分包单位项目经理、质量员、施工员、安全员

涉及其他相关部门问题时，则邀请相关人员参加。

（4）会议地点：工地会议室

（5）会议内容

1）检查上次例会会议议定事项的落实情况，分析未完事项的原因。

2）检查分析工程项目进度计划完成情况，提出下阶段进度目标及落实措施。

3）检查分析工程项目质量状况，针对存在问题，提出改进措施。

4）检查工程量检定签证情况。

5）解决需协调的有关事宜。

6）其他有关事宜。

记录人：×××

20××年××月××日

二、工地例会（表3-5）

××办公楼给水排水工程

工地例会纪要

第××期

××建设监理有限公司××项目监理部编印（共×页）   签发：×××

会议时间：20××年××月××日（星期×）××时

会议地点：××××

会议主持人：×××

会议记录人：×××

出席人员：建设单位：×××、×××

    监理单位：×××、×××、×××、×××

    施工单位：×××、×××、×××、×××、×××

    分包单位：×××、×××

会议主要内容：

1. 检查上次例会议定事项的落实情况、分析未完事项原因

上次例会议定事项基本落实。

2. 检查分析工程项目进度计划完成情况，提出下一阶段进度目标及其落实措施

工程项目基本符合进度计划，下阶段进行室内给水管道安装，计划××天完成。

3. 检查工程量核定及工程款支付情况

给核定承包单位的付款申请和报表，扣除有关款项，基本属实，并已按合同规定及时支付。

4. 解决需要协调的有关事项

无

5. 其他有关事宜

无

记录人：×××

20××年××月××日

三、专题会议（表3-6）

××办公楼给水排水工程室内给水系统管道安装

专题会议纪要

××建设监理有限公司××项目监理部编印（共×页）　　　　　　　签发：×××

会议时间：20××年××月××日（星期×）×时

会议地点：××××

会议主持人：×××

会议记录人：×××

出席人员：建设单位：×××、×××

　　　　　监理单位：×××、×××、×××、×××

　　　　　承包单位：×××、×××、×××、×××、×××、×××

　　　　　分包单位：×××、×××

会议主要内容：

1. 制定室内给水管道的加工与连接方法。
2. 明确室内给水管道安装前的准备工作。
3. 施工用地安全问题。
4. 方案由施工单位提供。

　　　　　　　　　　　　　　　　　　　　　　　记录人：×××

　　　　　　　　　　　　　　　　　　　　　　　20××年××月××日

3.4　监理月报

3.4.1　监理月报的主要内容

1. 本月工程实施概况

（1）工程进展情况，实际进度与计划进度的比较，施工单位人、机、料进场及使用情况，本期在施部位的工程照片。

（2）工程质量情况，分项分部工程验收情况，工程材料、设备、构配件进场检验情况，主要施工试验情况，本月工程质量分析。

（3）施工单位安全生产管理工作评述。

（4）已完工程量与已付工程款的统计及说明。

2. 本月监理工作情况

（1）工程进度控制方面的工作情况。

（2）工程质量控制方面的工作情况。

（3）安全生产管理方面的工作情况。

（4）工程计量与工程款支付方面的工作情况。

（5）合同其他事项的管理工作情况。

（6）监理工作统计及工作照片。

3. 本月工程实施的主要问题分析及处理情况：

（1）工程进度控制方面的主要问题分析及处理情况。

（2）工程质量控制方面的主要问题分析及处理情况。

（3）施工单位安全生产管理方面的主要问题分析及处理情况。

（4）工程计量与工程款支付方面的主要问题分析及处理情况。

（5）合同其他事项管理方面的主要问题分析及处理情况。

4. 下月监理工作重点：

（1）在工程管理方面的监理工作重点。

（2）在项目监理机构内部管理方面的工作重点。

3.4.2 监理月报的编制要求

（1）原则上每月均应编制监理月报。

（2）监理月报的报送时间由监理单位与建设单位协商进行确定。

（3）监理月报的编制周期通常为上月 26 日到本月 25 日，原则上在下月的 5 日之前发送至建设单位及有关单位。

（4）监理月报由项目监理机构的总监理工程师主持编制，项目监理机构全体人员分工负责编写，指定专人负责汇总编制，交总监理工程师审核签发，报送给建设单位、本监理公司及有关单位。

（5）监理月报要求真实反映本月工程进度状况及监理工作情况，数据必须准确、真实，内容重点突出，对问题有分析，采取的措施有结论，语言简练，并附必要的图表和照片。

（6）监理月报的格式应统一。一般按贯标的要求，每个监理企业都有自己的具体规定。

3.4.3 监理月报编制范例

一、**封面**（表 3-7）。

×× 公寓楼水暖工程

监理月报

年　　　　度：××××
月　　　份：××
总监理工程师：×××

×× 建设监理公司
×× 工程项目监理部
××××年 ×× 月 ×× 日

二、目录

1. 工程概况

2. 本月监理工作情况

3. 本月施工中所存在的问题及处理情况

4. 下月监理工作重点

三、正文

1. 工程概况

（1）工程进展情况

1）工程实际完成情况与总进度计划比较，见表3-8。

工程实际完成情况与总进度计划比较　　　　　　　　　　　表3-8

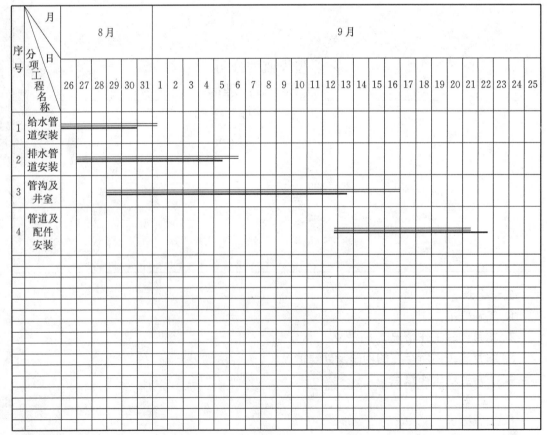

注：══计划进度；──实际进度。

2）本月实际完成情况与总进度计划比较，见表3-9。

本月实际完成情况与总进度计划比较表　　　　　　　　　　表3-9

序号	分项工程名称	8月						9月																						
		26	27	28	29	30	31	1	2	3	4	5	6	7	8	9	10	11	12	13	14	15	16	17	18	19	20	21	22	23	24	25
1	给水管道安装																															
2	排水管道安装																															
3	管沟及井室																															
4	管道及配件安装																															

注：══计划进度；──实际进度。　　　　　　　　　　　　　　　　　　编制人：

58

3）施工单位工、料、机进场及使用情况，见表 3-10。

工、料、机进场情况　　　　　　　　　　表 3-10

人工	工种	管工	水电工	起重工	防水工			其他	总人数
	人数	20	11	6	5				42
	持证人数	20	11	6	5				42

主要材料	名称	单位	上月库存量		本月进场量		本月库存量		本月消耗量
	管材	m	80		200		280		120
	阀门	个	320		550		870		450

主要机械	名称	生产厂家		规格型号		数量	
	起重机	×××机械厂		×××		××	
	大型水泵	×××机械厂		×××		××	

4）本期在施部位的工程照片。（略）

（2）工程质量情况

1）分项工程验收情况，见表 3-11。

分项工程验收情况统计表　　　　　　　　　　表 3-11

序号	分项工程名称	分项工程施工报验表号/分项工程质量验收记录表号	验收情况	
			承包单位自评	监理单位验收
1	排水管道及配件安装	×××	合格	符合要求
2	风管与配件制作	×××	合格	符合要求

2）分部工程验收情况，见表 3-12。

分部（子分部）工程验收情况统计表　　　　　　　表 3-12

序号	分部（子分部）工程名称	分部（子分部）工程施工报验表号/分部（子分部）工程质量验收记录表号	验收情况	
			承包单位自评	监理单位验收
1	建筑给水排水及采暖工程	×××	合格	同意验收

3）工程材料、设备、构配件进场检验情况，见表 3-13。

工程材料、设备、构配件进场检验情况表 表 3-13

序号	材料、构配件、设备名称	规格、型号/产地	数量	日期	合格证及检验报告	检查结果
1	管材	×××	××	20××年××月××日	有	合格
2	空调机	×××	××	20××年××月××日	有	合格

4）主要施工试验情况，见表 3-14。

主要施工试验情况表 表 3-14

序号	试验编号	试验内容	施工部位	试验结论	监理结论
1	×××	强度严密性	地下 2～4 层低区给水系统	合格	同意验收
2	×××	气密性	地下 2 层	合格	同意验收

（3）施工单位安全生产管理工作评述

本月安全生产无事故，基本做到了工程材料、半成品、构件的堆放整齐，材料的标识基本到位；施工过程中基本做到工完场清。

2. 本月监理工作情况

（1）监理工作情况分析

1）在施工过程中加强预控措施，督促上报并审查施工方施工技术资料，进场材料严格检查，对原材料进行现场见证取样试验。对施工中有可能出现的问题，一些常见的工程通病，提前控制。在施工的过程中，我们严格执行旁站和巡查监理，对达不到要求的不予验收，对不合格工程下口头通知提出修改方案，指导复验合格。

2）工程进度方面，根据目前的施工形势和前期工期索赔的具体情况，施工进度计划需要重新制定安排，以确保计划的合理性和可控性。在保证工程质量，安全施工的情况下，需要加快施工进度，以最终保证竣工使用的时间。

3）工程款支付方面，按照合同要求，本月工程量需扣除预付款，本月对工程进度款进行了 30％预付款扣除，共扣除了××万元，累计扣除××万元（以上累计均为我方审核汇总，不考虑咨询审核扣除部分），扣除后的工程款根据施工合同可进行工程款支付。关于工程材料调价问题应经业主、施工方、监理三方洽商签认，在月进度工程量中不予审核，结算中做统一调整。

本月施工中，我项目部本着对业主负责，根据施工部署特点，加大对施工单位监管的力度，在协调上分工合作，密切配合，在工作上严格执行旁站和巡查监理。

（2）监理工作统计及工作照片

1）监理工作统计，见表 3-15。

监理工作统计表 表 3-15

序号	项目名称	单位	本年度		开工以来总计
			本月	累计	
1	监理会议	次	3	39	39
2	审批施工组织设计（方案）	次	1	18	19
	提出建议和意见	条	—	—	—
3	审批施工进度计划（年、季、月）	次	1	21	20
	提出建议和意见	条	—	7	7
4	审核施工图纸	次		2	2
	提出建议和意见	条	—	—	—
5	发出监理通知	次	0	5	5
	内容含	条	—	—	—
6	审批分包单位	家	0	8	8
7	原材料审批	件	13	136	136
8	构配件审批	件	13	188	188
9	设备审批	件	—	155	155
10	分项（检验批）工程质量验收	项	63	828	828
11	分部（子分部）工程质量验收	项	—	2	2
12	不合格工程质量验收	项	0	0	0
13	监理抽查复试	项	—	—	—
14	监理见证取样	项	1	185	185

2）监理工作照片。（略）

3. 本月施工中所存在的问题及处理情况

该公寓楼水暖工程基本无质量问题。

4. 下月监理工作重点

继续做好水暖工程施工的质量控制和工期控制。

3.5 监理日志与监理日记

3.5.1 监理日志

1. 监理日志的主要内容

（1）天气和施工环境情况。

（2）当日施工进展情况。

（3）当日监理工作情况，包括旁站、巡视、见证取样、平行检验等情况。

（4）当日存在的问题及协调解决情况。

（5）其他有关事项。

2. 监理日志编制要求

（1）监理日志以单位工程为记录对象，从工程开工之日始至工程竣工之日止，由专人或相关人逐月记载，记载内容应保持其连续和完整。

（2）监理日志必须及时记录、整理，应做到记录内容详细、准确、齐全，真实反映当天的工程具体情况。

（3）监理日志应使用统一格式的《监理日志》，每册封面应注明工程名称、册号、记录时间段及建设、设计、施工、监理单位名称，并由总监理工程师签字。监理人员巡检、专检或工作后及时填写监理日志并签字。

（4）监理日志不得补记，不得隔页或扯页，保持监理日志的原始记录。

3.5.2 监理日记

1. 监理日记的内容

（1）监理工程师的工作日记应包括两方面内容：

1）监理人员的（内业）工作情况。学习技术文件、政策、法规；起草文件；审施工方案、进度计划、审批报验；审图等。

2）记录监理人员的（外业）在施工现场监理工作情况，要求做到发现问题，并提出解决问题的方法（建议），对现场发现的问题要跟踪并有处理结果。

（2）监理人员日记记录现场工作内容，应包括现场巡视、工程验收、特殊部位的旁站等，还有施工作业面施工情况，人员、机械设备情况等。

1）现场巡视：监理工程师当日所进行的巡视活动，包括巡视的起止时间、巡视的楼号、楼层、段以及进行局部检测的数据。施工现场情况（人员、机械等）所发现的问题，提出的口头指令和处理的结果。在巡视过程中如果发现了问题，发出了书面的"监理工程师通知"，则应在日记中记录"通知单"编号。在监理日记重大问题跟踪栏内，当天或数天以后补写跟踪结果和"监理工程师通知回复单"的编号以及简要结论内容。

2）验收工作：监理工程师当日的验收（包括隐蔽工程、检验批、分项工程等）应在日记中记录所验收的楼号、段位、楼层、部位、项目和验收结果。通过验收的项目要记录报验单编号，未通过验收的项目应在日记中记录发出的"不合格项目通知单"编号（包括材料、验线等）除了以上记录外，还要留不合格项的报验原始单据。

3）特殊工序及重点部位的旁站：监理人员根据"旁站计划"进行旁站活动，应记录在监理人员的日记中，记录的内容应包括旁站的楼号、楼层、段号及部位，有无异常情况和旁站记录单编号等。有见证取样也应记录在日记中。

4）其他：凡参加会议（主要指现场以外的会议），外出考察等其简要内容应记录在日记当中，如果有考察报告，应记清考察报告的编号。

2. 监理日记的编写原则

（1）项目监理机构的每位监理人员均应书写监理日记。

（2）每位监理人员记录自己当天监理工作的实际内容，不应记录与监理工作无关的内容。

（3）语言简练、文字正确，使用专业语言和规范文字。

（4）记事条理要求清楚、明晰。

（5）对于每一个问题，记录都要有现场实际情况，问题的原因分析，提出的整改意见，承包单位的整改结果。

（6）事件记录要求完整，要交圈、对于每一个事件都要有因有果，过程清楚。当天发现的事件或问题在以后某天的日记中应予以闭合。

（7）对发现的重大问题应进行跟踪监控，在某天整改完成后，应在发现问题的当天日记中的重大问题跟踪栏内加以说明。

（8）对于重大问题除在日记上记录外，还应在总监理工程师日记中有所反映。

（9）禁止作假，杜绝事后补记。

3. 监理日记的填写要求

（1）监理人员应对当天工作中所发现的问题和提出的合理化建议分别统计在日记表下方对应的表格内。

（2）监理人员日记应逐日书写，并应在当天下班前（或离开工地前）完成。如果遇到外出学习、开会及外出考察等，可回来后补写。

（3）总监理工程师原则上应对每位监理人员日记当天下班前或次日早上上班时进行审阅，总监理工程师查阅监理人员日记的目的除了解施工情况外，还有检查监理人员工作的情况，阅后应签字。

（4）监理人员日记按月装订，周期为上月 26 日至本月 25 日，日记应有封面，由资料员编写并归档。

3.5.3 监理日志编制范例

1. 封面（表 3-16）

监理日志的封面   表 3-16

××大楼水暖工程

监理工作日志

（20××年××月××日至 20××年××月××日）

总监理工程师：×××
记　录　人：×××

××建设监理公司
××办公楼项目监理部

2. 内容（表 3-17）

监理日志的内容

表 3-17

日期		星期	二	天气	晴	气温	13~25℃	风力	3级
20××年××月××日									
施工情况	施工部位	4号楼1~5轴一层顶板、框架梁（3.52m）钢筋安装、绑扎、电气线管敷设；5~9轴二层框架柱（3.52~7.12m）钢筋安装、直螺纹机械套筒连接；二层顶板（7.12m）底模支撑架体搭设、模板尺寸加工、安装							
	其他情况								
监理工作记录	旁站监理	巡视检查4号楼水暖预留管口位置及洞口尺寸大小，符合要求							
	其他工作	上午8：30召开监理例会，9：50结束，主要解决施工的进度和质量的问题，落实了下周的进度目标和质量目标							
建设单位其他外部环境情况		建设单位的有关领导来施工现场检查工作，对工程进度、工程质量非常满意							

记录人：×××

3.6 监理工作总结

3.6.1 监理工作总结的内容

1. 工程概况

关于工程概况，宜以最后一期的监理月报中的内容，作适当调整即可。

2. 项目监理机构

关于监理机构在每月的监理月报中都有反映，为反映随施工进展情况、投入的人力物力变化情况，应在最后的监理工作总结中选择有代表性的几个阶段。如地基与基础、主体结构（混凝土结构、钢结构、空蜂窝结构等特殊的结构类型）、安装工程、幕墙工程、装饰等工程。项目监理机构人员配置的数量和专业的变化情况等写入监理工作总结中。

3. 建设工程监理合同履行情况

关于监理合同的履行情况，主要反映在两个方面：

（1）项目监理机构人员配置的数量是否符合监理委托合同的要求，人员的职称结构（人员的素质）是否按投标时的承诺，或按监理委托合同要求配置；

（2）在监理服务过程中是否真正起到了监理的监控作用，关键是是否真的控制好造价、质量、进度，使工程在达到质量目标的前提下，如期竣工交付使用。

4. 监理工作成效

对于监理工作成效，除了在施工过程中一般的监督施工单位履行合同承诺，监控工程质量、进度、造价发挥作用外，还应在关键的施工工艺、施工方案的审批过程中以及工程技术等问题的研讨中发挥监理工程师的专业特长，大胆提出建议为改进施工工艺、施工做法等，既能保证工程质量又能加快施工进度和降低造价的效果。

5. 监理工作中发现的问题及其处理情况

关于施工中出现的质量问题以及进度、造价控制中的问题，项目监理机构首先要求每位监理工程师要有发现问题的水平，并在现场巡视时敢于发现问题，并提出解决问题的整改意见，如不整改或整改不力，监理工程师有权签发"监理工程师通知单"采取较为强硬的手段加以解决，如再不解决向总监工程师汇报后认为必要的话可以签发局部"暂停"施工的指令，以迫使施工单位进行整改。

6. 说明和建议

当工程出现问题时，监理工程师不能隐瞒事实真相，应如实向总监工程师汇报再向建设单位汇报，还应要求施工单位查明原因，并提出处理的方法，该返工的必须返工，该补强的应补强，采取何种方法看问题的性质等研究决定，有的则应争得设计单位同意或直接由设计单位提出处理意见加以解决。

3.6.2 监理工作总结编制要求

（1）施工阶段监理工作结束时，项目监理机构应向建设单位提交监理工作总结。

（2）监理工作总结应由总监理工程师负责组织项目监理机构全体人员进行编写，最后由总监理工程师审核签字。

（3）监理工作总结应在约定的时间内编写完成，并按照约定份数交建设单位，同时按监理单位内部的规定要求，交监理单位档案资料管理部门作为归档的监理资料之一。

3.6.3 监理工作总结编制范例

一、封面（表 3-18）

监理工作总结的封面　　　　　　　　　　　　　表 3-18

××市××区街巷改造工程

监理工作总结

编　　制：×××
审　　核：×××

××建设监理有限公司
20××年××月××日

二、目录

1. 工程概况

2. 项目监理机构

3. 监理合同履行情况

4. 监理工作成效

5. 监理工作中出现的问题及其处理情况

6. 说明和建议

三、正文

1. 工程概况

　　××市××区街巷改造工程，含12条道路改造，改造范围内容包括居民住宅、行政机关、企事业单位和私人建筑以及综合小区。由于年久失修，道路破坏严重，排水设施不全，已严重影响到居民的正常生活，本工程的目的是改造小区内的道路和排水，增设路灯、电力、电信管道、燃气管道、自来水管道及休闲、健身设施，扩建、增建绿地，改善居民的居住条件，该工程是2012年××市的重点建设工程之一。

　　××区工程包括道路改造工程车行道28756m²，人行道19632m²；排水工程管道5874m，检查井658座；灯座安装165盏；立面改造10886m²。

　　××区改造工程道路由××市××设计院设计，排水由××市排水设计室设计。道路及排水工程由××三建、九建、一建，××区四建，××一建，××三建，中国有色金属工业××建筑公司施工。路灯由市路灯管理处施工，电力、电信管由电信局施工，燃气管道由市××燃气公司施工，自来水管道由市自来水公司施工，立面改造由××涂料公司施工。该工程于2012年8月10日开工至2012年12月31日竣工。

　　2. 项目监理机构

　　由于本工程比较简单，本项目监理部由总监一名，驻地代表一名，监理人员两名构成，组织结构如图3-3所示。

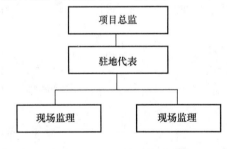

图3-3　监理部组织形式

　　3. 监理合同履行情况

　　根据施工阶段监理的要求，在施工现场设立项目监理部，实行总监理工程师负责制，对工程安全、进度投资、质量等进行全方位的监理，组织结构采用直线制，驻地代表1名、配备现场监理员2名，均持证上岗，且常驻施工现场，人员数量及专业配套方面始终满足工程需要。监理合同期限为4个月，监理部人员始终常驻现场。

　　在工程开工前，根据监理合同、设计文件、相关法律法规等，有针对性地制定监理规划，同时根据工程特点、设计图纸等，独立、公正、严格地开展监理工作，维护各方的合法利益，具体如下：

　　（1）严格开工程序

　　对施工单位报送的施工组织设计、质量管理及保证体系、技术管理体系进行审核确认；检查测量放线控制成果及保护措施。在具备开工条件时，才准予开工。

　　（2）施工过程质量控制

1）本工程路基采用砂砾石回填，砂砾级配经监理人员见证取样送检合格；基底压实度检验合格；级配砂砾层检验压实度检验合格。人行道基础基底压实度检验合格，满足设计和施工规范要求。基础分部工程共 10 个分项，经检查核验，质量评估为合格。

2）经检查，排水工程使用材料均具有出厂合格证，并经报验合格，闭水试验满足设计和施工规范要求，管道安装，按管平直，接口整齐严密，抹带平整严密。腔体回填质量满足设计和施工规范要求，本分部工程共有 6 个分项，经检查核验质量评估为合格。

3）经检查，道路面层所用水泥、外购混凝土均有出厂合格证，砂、级配碎石监理人员见证取样检测合格。水泥进行了"双控"合格，混凝土试件（C30）按规定留置了 45 组，混凝土试件（C15）按规定留置了 22 组，砂浆试件（M5.0）按规定留置了 72 组，水稳骨料试件按规定留置 22 组，试件强度满足设计要求，经统计评定合格，设计变更和隐蔽工程验收手续齐全，混凝土振捣密实，外观质量较好。沥青分包手续齐全，施工资料、试验资料气全，沥青道路外观质量较好，经检查核验、质量评估为合格。人行道铺砌直顺度，平整度均在误差范围以内，外观质量合格。本分部工程共有 16 个分项，经检查核验，质量评估为合格。

4. 监理工作成效

（1）施工质量控制

1）对所有进场原材料实行了报验制，不合格材料不得用于工程。对于"双控"材料，均经现场监理人员随机见证取样，检验合格后方可使用。对于一般材料，如管材、红砖等，检查其出厂合格证，并进行检查，合格后方可使用。

2）对关键部位及工序进行了旁站监理，确保了关键部位及工序的质量。例如在进行混凝土浇筑时，监理人员旁站监理，检查混凝土的配合比调整情况，水泥、砂、石等材料检测报告是否齐全，督促施工单位按配合比对水泥、砂、石过磅计量投入、监测混凝土的搅拌时间，混凝土的振捣是否密实，连接杆、伸缩缝的布置是否符合施工设计规范要求，并按规定留置一定数量的混凝土试压件。浇注混凝土施工质量满足合格以上要求。

3）对隐蔽工程检查验收，坚持在施工单位自检合格后，不经监理人员检查验收合格并签认，不得进行隐蔽。

4）严格要求施工单位按设计图纸进行施工，有变动的均有设计变更文件及联系单，变更手续齐全。

5）加强现场巡视和平行检查工作。如砌体工程施工中，重点检查砌体的砌筑方法，砂浆配合比的计量及试块的见证取样，砌体的垂直度、平整度，砂浆饱满度等。路面混凝土浇筑，重点检查模板尺寸，伸缩缝留置，混凝土配合比的计量及试块的见证取样，振捣施工方法。监理人员及时指出，施工单位不足，并要求其整改，使之符合规范要求。

6）严格执行个分项分部工程报验及下道工序开工申请制度，上道工序为经监理人员验收合格或下道工序不具备开工条件，均不允许下道工序施工。

7）督促施工单位对已完工程进行试验，如管道闭水试验、道路弯沉试验、密实度试验。只有各项性能指标均满足设计几规范要求，方可验收。

（2）施工进度控制

按合同工期，本工程合同工期为 120 天，因后期增加工程，工期稍有延期。

（3）施工投资控制

本工程的工程计量按月完成，工程支付较为及时。

5. 监理工作中出现的问题及其处理情况

（1）对于无图施工、无证施工、多次分包、挂靠、施工管理不到位、使用不合格的原材料、不合格的预留孔洞等，监理人员发现后，应及时制止其施工。对于严重或不听监理人员口头制止的，发暂时停工的监理通知单。

（2）对工程施工中出现的细小质量问题，一般在巡视施工现场时和在分项、分部工程验收过程中及时解决。

（3）对于一般可以通过返工、返修的工程质量缺陷，则责成施工单位先写出质量问题报告，说明情况并提出处理意见，经过监理工程师核实、研究，必要时则经过建设单位认可，确定处理方案，批复承办单位处理，处理后重新进行验收。

6. 说明和建议

本工程由于多处于居民小区，因此在今后的使用中要注意排水管道堵塞的问题，定期、及时清理是保证其畅通的重要前提条件。同时应加强对休闲、健身设施的管理。

××建设监理公司
××市××区街巷改造工程
20××年××月××日

4 水暖工程监理机构工作表格

4.1 监理机构与设计单位联系

4.1.1 监理机构与设计单位间关系

监理机构受业主委托对设计施工实施监督和管理，并将这一委托写入设计合同。设计单位必须接收监理。两者以设计合同为纽带，构成监理与被监理的关系。

但在现阶段，要想维护和体现这一关系是比较困难的，主要原因有以下几点：

（1）长期的计划经济模式形成了"谁设计、谁变更"的规定，这一规定使得设计单位对设计有着绝对的控制权，从而使得监理与被监理的关系从习惯上难于被设计单位所接受。

（2）监理人员的素质不高，监理手段落后，一般难于胜任设计监理工作。由于监理行业的工作时间长，环境差，社会地位也不高，再加上目前的待遇远比不上设计，所以很难吸引高素质的专业技术人员加入到监理行业中。

（3）目前有关设计监理方面的法规很少，监理与设计又非隶属关系。因此，即使有充分的理由认为某些设计需要进行修改，但设计人员不改，也是无可奈何的。

因此，要想理顺这一关系，就必须健全设计监理法规，加大宣传力度，提高监理人员的待遇，吸引更多高素质的专业技术人员加入到稳定的监理队伍中来，提高监理手段，注意工作方法，才能真正、有效地实施设计监理。

4.1.2 监理机构与设计单位联系表格填写范例

1. 设计文件审签表（表 4-1）

设计文件审签表 表 4-1

工程名称：××工程　　　　　　　　　　　　　　　　合同编号：×××
设计单位：××建筑设计院　　　　　　　　　　　　文件编号：×××

序号	设计文件名称	文图号	报送份数	监理机构签审意见
1	建筑给水排水施工图	水施—1	×××	同意
2	建筑暖通施工图	通施—2	×××	同意
3				

序号	设计文件名称	文图号	报送份数	监理机构签审意见
设计单位报送记录	本批报送图纸 3 件，文字报告和说明 5 件。 报送单位：××建筑设计院 项目经理：××× 日期：20××年××月××日	监理机构审签记录		监理部：××监理公司 审签人：××× 日期：20××年××月××日

注：本表一式三份，完成审签后抄报业主单位和返回报送单位各一份。

2. 设计图纸交底会议纪要（表 4-2）

设计图纸交底会议纪要   表 4-2

工程名称：××工程   合同编号：×××   文件编号：×××

出席单位	出席会议会员名单
建设单位	×××、×××、×××
设计单位	×××、×××、×××
建设单位	×××、×××、×××
监理单位	×××、×××
交底会议日期	20××年××月××日

注：交底会议内容及纪要后要附有报告纸。

3. 施工图纸签审意见单（表 4-3）

施工图纸签审意见单   表 4-3

设计单位：××建筑设计院   合同编号：×××   文件编号：×××

施工图纸名称	建筑暖通施工图	图号	通施-2
签审记录	×××号建筑暖通工程施工图纸完全按照设计要求进行，故同意执行。		
签审意见	□按签审意见修改后执行　　　　□不能执行 □按签审意见修正后重新上报　　☑已审阅 监理机构：××监理公司　签审人：×××　日期：20××年××月××日		

4.2　监理单位与承建单位联系

4.2.1　监理单位与承建单位间关系

监理单位受业主的委托，对工程建设实行监督和管理，并将这一委托写入了施工合同，监理单位与承包商是以施工合同为纽带确定的工作关系，是一种监理与被监理的关系。

70

监理与承包商的这种关系，随着我国监理制度的全面推行，逐步得到加强。但在监理工作中，要较好地处理这一关系，仍有较大的阻力和难度。这是因为：某些承包商一方面认为监理单位是代表业主利益的，另一方面又认为监理单位因与其没有合约关系、经济关系，无权监督、管理他们的工作。要么对监理之管理不予理睬，要么把本属于他们自己的工作往监理身上推，把监理当作己方的施工员或技术员的补充，使得监理工作难以开展。因此，要理顺这一关系必须：

（1）坚持一切按法规、规范办事，坚持以施工合同为依据，这是监理的工作基础。承包商没有理由不接受监理。

（2）坚持独立、公正、廉洁，这是监理工作的保证。监理单位坚持自己的独立性，才能真正发挥建筑市场三元主体的制衡作用，监理单位坚持公正，监理工作才能顺利开展，若偏袒业主，承包商对你不理不睬，表面尊重，实际架空，甚至来个你来我停，你走我干，使监理单位难以工作，若你偏袒承包商，业主就会否决监理的指令，收回赋予监理的权利，直接面对承包商，甚至扣押监理费，以至上告。监理单位必须保证廉洁。如不廉洁，接受承包商的贿赂，你就根本无法按照国家的法则、规范实施监理，你就难以"硬"起来，难以维护监理与被监理的关系。如果出现这种违法行为，势必会给监理单位带来严重的后果，甚至危及生存。

更注意寓帮于监。由于我们目前的监理工作不同于国外，只是确认承包商的对与错，加上现阶段还难于完全依靠法律手段办事。因此，监理工作还需寓帮于监。一方面严格要求，另一方面，尚需耐心帮助、教育承包商。

4.2.2 监理单位与承建单位联系表格填写范例

一、开工前表格填写范例
1. 工程变更单（表 C.0.2）
2. 工程开工令（表 A.0.2）

二、施工中表格填写范例
1. 工程暂停令（表 A.0.5）
2. 工程复工令（表 A.0.7）
3. 工程返工令（表 4-4）

工 程 返 工 令   表 4-4

工程名称：××工程　　　　　　　　　　　　合同编号：×××
承建单位：××建筑公司　　　　　　　　　　文件编号：×××

致：××公寓给水排水工程施工总承包项目经理部（施工项目经理部）
由于<u>施工质量经检验不合格</u>原因，现通知你方于20××年××月××日××时起，对<u>给排水工程项目进行设备更换</u>予以返工，并确保本返工工程项目工程质量达到合格标准。
附注：返工所发生的费用由建设单位承担。
项目监理机构（盖章）
总监理工程师（签字、加盖执业印章）×××
20××年××月××日

4. 施工违章警告通知单（表 4-5）

施工违章警告通知单　　　　　　　　　　　　　　　　　　　　表 4-5

工程名称：××工程　　　　　　　　　　　　　　　　　　　合同编号：×××

承建单位：××建筑公司　　　　　　　　　　　　　　　　　文件编号：×××

致：××公寓给水排水工程施工总承包项目经理部（施工项目经理部） 　　20××年××月××日××时，贵部门××施工单位，由于未按设计文件要求施工进行违章作业，监理工程师已于现场提出口头警告，为确保工程质量和作业安全，请立即责成施工单位认真纠正，并避免类似情况再次发生。   　　　　　　　　　　　　　　　　　　　　　项目监理机构（盖章） 　　　　　　　　　　　　　　　总监理工程师（签字、加盖执业印章）××× 　　　　　　　　　　　　　　　　　　　　　20××年××月××日

5. 工程项目移交通知单（表 4-6）

工程项目移交通知单　　　　　　　　　　　　　　　　　　　表 4-6

工程名称：××工程　　　　　　　　　　　　　　　　　　　合同编号：×××

承建单位：××建筑公司　　　　　　　　　　　　　　　　　文件编号：×××

致：××公寓采暖工程施工总承包项目经理部（施工项目经理部） 　　鉴于建筑采暖工程移交证书（监理〔　　〕移×号）中列出的未完工程尾工和缺陷，已经于20××年××月××日以前完工和修补完毕，并由监理单位确认符合工程建设合同文件要求。 　　依据上述工程移交证书规定，本项工程缺陷责任期××个月已于20××年××月××日满，特此通知。   　　　　　　　　　　　　　　　　　　　　　项目监理机构（盖章） 　　　　　　　　　　　　　　　总监理工程师（签字、加盖执业印章）××× 　　　　　　　　　　　　　　　　　　　　　20××年××月××日

6. 工程项目缺陷责任期终止证书（表 4-7）

工程项目缺陷责任期终止证书　　　　　　　　　　　　　表 4-7

承包单位：××建筑公司　　　　　　　　　　　　　　　　合同编号：×××

监理单位：××监理公司　　　　　　　　　　　　　　　　文件编号：×××

致：××综合楼采暖工程施工总承包项目经理部（施工项目经理部）

　　兹证明根据合同规定于20××年××月××日完成了工程最终验收（"移交证书"第×号）的建筑采暖工程，已按照所有合同条款、变更指令及补充条款的要求完成了缺陷责任的修补、养护工作。

　　附件：略

总监理工程师代表（签字、加盖执业印章）×××

20××年××月××日

总监理工程师意见：

　　第×号的建筑采暖工程，已按照工程合同条款要求完成了缺陷责任的修补、养护工作。

总监理工程师（签字、加盖执业印章）×××

20××年××月××日

注：本表一式三份，总监理工程师一份，总监理工程师代表一份，下发承包人一份。

7. 设计变更通知（表 4-8）

设计变更通知　　　　　　　　　　　　　　　　　　　表 4-8

工程名称：××工程　　　　　　　　　　　　　　　　　合同编号：×××

承建单位：××建筑公司　　　　　　　　　　　　　　　文件编号：×××

致：××建筑公司

　　根据合同一般条款规定现决定对卫生器具排水管道安装工程的设计进行变更，请按变更后的图纸组织施工，正式的变更指令另发。

变更项目内容细节：

　　1～6层卫生器具排水管道所用管材改为铜管。

变更后合同金额的增减估计：略

附件：变更设计图纸

项目监理机构（盖章）

总监理工程师（签字、加盖执业印章）×××

20××年××月××日

承建单位签收：

建设单位（盖章）

承建单位代表签字：×××

20××年××月××日

注：本表一式两份，承建单位签收自留一份，退监理部一份，签发变更指令时附副本。

8. 工程变更指令（表4-9）

工程变更指令

表 4-9

工程名称：××工程 　　　　　　　　　　　　　　　　　　合同编号：×××

承建单位：××建筑公司 　　　　　　　　　　　　　　　　文件编号：×××

变更指令类别	□数量调整	□额外或紧急工程
	□修改设计、更改范围	□延长时间

致：××建筑公司

现决定对本合同项目工程作如下变更或调整，请遵照执行。

项目号	变更项目内容	单位	数量（增或减）	单价	增减金额
通施17	Ⓑ—⑩～Ⓑ—⑭轴交Ⓑ～⊗～①轴处2根排风管建议由2000×500改为2000×400				
设施25	Ⓑ～⑤—Ⓑ～⑥/Ⓜ轴间的机房进风管穿墙应加防水阀				

变更或额外/紧急工程描述及其他说明：

合同金额的增减：	合同工期日数的增加：
总监理工程师：××× 20××年××月××日	项目监理机构（盖章） 20××年××月××日

注：本表一式三份，承建单位一份，监理部与总监理工程师各一份留档。

9. 不合格工程通知（表 4-10）

不合格工程通知 表 4-10

工程单位：××工程 合同编号：×××

承建单位：××建筑公司 文件编号：×××

致：××建筑公司 　　现通知你方，经试验/检验表明室内给水管道安装所采用的管材不符合合同技术规范要求，达此要求为：<u>室内给水管应选用耐腐蚀和安装连接方便可靠的管材，可采用塑料给水管、塑料和金属复合管、铜管、不锈钢管及可靠防腐处理的钢管</u> 　　故要求对该工程　□拆除　　□更改　　□修补　　☑返工　　费用由施工单位自理 　　你方还应负责确定采取何种必要的改正措施，并确定你方是否希望中断工程，直至监理工程师调查确认或否认此不合格工程，当然，你方应对所作的决定负责。 　　　　　　　　　　　　　　　　　　　　　　　　　　项目监理机构（盖章） 　　　　　　　　　　　　　　　　　　　　　　　　　　20××年××月××日
建设单位签收： 　　　　第××号不合格工程通知于20××年××月××日收到，我方将根据该通知重申的技术规范要求和监理工程师的意见进行改正。 　　　　　　　　　　　　　　　　　　　　　　　　　　承建单位（盖章） 　　　　　　　　　　　　　　　　　　　　　　　　　　20××年××月××日

注：本表一式两份，承建单位签收自留一份，另一份退监理部存档。

10. 工程临时或最终延期报审表（表 B.0.14）
11. 额外或紧急工程通知（表 4-11）

额外或紧急工程通知 表 4-11

工程名称：××工程 合同编号：×××

承建单位：××建筑公司 文件编号：×××

致：××建筑公司 兹委托你公司进行下列不包括在合同内的额外/紧急工程，正式变更指令另行签发。 工程详细内容： 增加供暖管道保护层的厚度。 计价及付款方式： 按工程实际造价计价。 　　　　　　　　　　　　　　　　　　　　　　　　　　项目监理机构（盖章） 　　　　　　　　　　　　　　　　　　　　　　　　　　20××年××月××日
承建单位签收：   　　　　　　　　　　　　　　　　　　　　　　　　　　承建单位（盖章） 　　　　　　　　　　　　　　　　　　　　　　　　　　20××年××月××日

注：本表一式两份，承建单位签收后退还监理部门一份，自留一份备查，签发变更指令时附副本。

三、竣工与索赔表格填写范例

1. 单位工程竣工验收报审表（表 B.0.10）
2. 计日工工作通知单（表 4-12）

计日工工作通知单

表 4-12

工程名称：××工程   合同编号：×××
承建单位：××建筑公司   文件编号：×××

致：××建筑公司

    现决定对搬运管材、阀门等材料工作按计日工予以安排，请据以执行。计划工作时间为20××年××月××日~20××年××月××日。计价及付款方式为工作开始之日前另行报价，经经理部审核报请业主单位核准后执行。

    附件：计日工工作量明细表（表号：   ）

项目监理机构（盖章）
总监理工程师（签字、加盖执业印章）×××
20××年××月××日

3. 计日工工作量明细表（表 4-13）

计日工工作量明细表

表 4-13

工程名称：××工程   合同编号：×××
设计单位：××建筑设计院   文件编号：×××

序号	工种、材料、设备名称	单位	计划数量	说明
1	电工	人	10	持证 7 人
2	焊工	人	12	持证 2 人
3	管工	人	20	持证 15 人
4	混凝土工	人	5	
5	其他工种	人	76	持证 21 人
6	电焊机	台	10	BX1—500
7				
8				
9				
10				
附注		监理机构签证	项目监理机构（盖章） 总监理工程师：××× 20××年××月××日	

4. 工程计量证书（表4-14）

工程计量证书　　　　　　　　　　　　　　　　　　　　　　　　　　表4-14

工程名称：××工程　　　　　　　　　　　　　　　　　　　合同编号：×××
承建单位：××建筑公司　　　　　　　　　　　　　　　　　　文件编号：×××

根据承建单位××建筑公司第×号工程计量清单，业主经现场核验和计量确认，特发此证明以资办理工程费用支付手续。工程量及工程计量核验清单见以下表格及说明。	

监理工程师：×××
20××年××月××日

本次批准的工程及核验说明：
　　水暖工程施工符合设计要求及《建筑给水排水及采暖工程施工质量验收规定》GB 50242—2002 的规定。

分部分项工程编号	分部分项工程名称	计量单位	核准计量数量	说明
×××	水泵安装	台	按设计图示数量计算	
×××	管子调直	m	按设计图示尺寸以长度计算	

计量人：×××

审核：

总监理工程师（签字、加盖执业印章）×××
20××年××月××日

注：本表一式三份，建设单位、承建单位、监理单位各一份。

5. 工程预付款支付证书（表4-15）

工程预付款支付证书　　　　　　　　　　　　　　表 4-15

工程名称：××工程　　　　　　　　　　　　　　　　合同编号：×××
承建单位：××建筑公司　　　　　　　　　　　　　　文件编号：×××

经审核，合同协议书已经签署，履约保证书已获建设单位认可，已取得动员预付款担保，建设单位应支付给如下数额的工程预付款： 　　　　　　　　　　　　　　　　　　　　　　××万人民币（元） 　　　　　　　　　　　　　　　　　　　　　　××美元 备注： 	
监理单位：××监理机构 监理工程师：××× 日期：20××年××月××日	承建单位：××建筑公司 承建单位代表：××× 日期：20××年××月××日
填表人　　　　　　×××	填表日期　　　　20××年××月××日

注：本表一式三份，建设单位、承建单位、监理单位各一份。

6. 工程承建单位违约通知单（表4-16）

工程承建单位违约通知单　　　　　　　　　　　　表 4-16

工程名称：××工程　　　　　　　　　　　　　　　　合同编号：×××
承建单位：××建筑公司　　　　　　　　　　　　　　文件编号：×××

致：××承建单位 　　鉴于发生违反工程承建合同条款"转包和分包"，并使用不合格的材料和设备，监理工程师发出纠正指令后，28天内未能采取相应行动的行为和事实，已构成承建单位违约。贵单位将承担终止合同并对已完成合同工程进行估价的合同责任。 　　贵单位也可于本通知送达的14天内根据承建合同的有关规定，提出合同调节或仲裁申请，并将该申请决定通知并送达监理部。 　　特此通知   　　　　　　　　　　　　　　　　　　　　项目监理机构（盖章） 　　　　　　　　　　　　　　　　　　　　签署人：××× 　　　　　　　　　　　　　　　　　　　　20××年××月××日
承建单位签收记录： 　　本签收人代表承建单位签收，并及时转达承建单位法人代表。   　　　　　　　　　　　　　　　　　　　　签收单位（盖章） 　　　　　　　　　　　　　　　　　　　　签收人：××× 　　　　　　　　　　　　　　　　　　　　20××年××月××日

7. 承建单位索赔签证单（表 4-17）

承建单位索赔签证单   表 4-17

工程名称：××工程   合同编号：×××
承建单位：××建筑公司   文件编号：×××

监理部业已受理本单所列索赔申报，经监理部与业主单位和承建单位协商，核定应由业主单位赔偿承建单位人民币×××万元，在到期支付款中扣抵。	

项目监理机构（盖章）

总监理工程师：×××

20××年××月××日

序号	索赔申报表号	索赔理由及引用合同条款	申报金额/万元	核实索赔金额/万元
1	×××	施工质量不合格	×××	×××
2	×××	超过合同工期	×××	×××
3				
4				
以上 2 项索赔金额合计 Σ×××				
附注				

8. 业主单位索赔签证单（表 4-18）

业主单位索赔签证单

工程名称：××工程
承建单位：××建筑公司

表 4-18

合同编号：×××
文件编号：×××

致：××承建单位

监理部业已受理本单所列索赔申报，经监理部与业主单位和承建单位协商，核定应由承建单位补偿业主单位人民币×××万元，列入本期支付。

项目监理机构（盖章）
总监理工程师：×××
20××年××月××日

序号	索赔申报表号	索赔理由及引用合同条款	申报金额/万元	核实索赔金额/万元
1	×××	违反工程承建合同条款"转包和分包"	×××	×××
2	×××	使用不合格材料和设备	×××	×××
3	×××	无正当理由而未能按期开工	×××	×××
4				
5				
以上 3 项索赔金额合计 Σ×××				
附注				

4.3 监理机构与业主联系

4.3.1 监理机构与业主关系

（1）监理机构与业主的关系是由双方签订的监理合同确定的，是通过双方严格履行合同条款来实现的。监理合同——签订，委托与被委托关系既已确定。监理机构必须以高尚的职业道德，精湛的专业技术向业主提供优质的服务，作为业主也应积极支持、协助监理单位开展正常监理工作，并按合同支付监理费。这构成了委托与被委托的关系。

（2）监理不是业主的代理人。

从法律上讲，监理不具备作为业主代理人的条件。代理是指乙方以他方的名义，在授权范围内向第三方作意思表示或接受第三方的意思表示，其法律后果直接归属于他方的行为，表现为代理人以被代理人的名义进行的某些法律所为，所维护的是被代理人的利益，有时须负有连带责任。

而监理机构与业主是通过平等协商并以合同的形式，确定监理机构的义务和权利，监理机构以自己的名义实施监理，执行等价交换原则。按照我国监理制的规定赋予监理单位具有监督建设法规、技术法规的职责。另一方面它为业主提供监理服务、维护业主的利益，同时也要制止业主损害承包商利益的不规范行为。在监理过程中，监理人员如发生明显失职，给业主造成损失，则应按与业主在监理合同中约定的条款，承担一定的经济责任。

FIDIC道德准则规定工程师在提供职业咨询、评审或决策时应不偏不倚，在业主与第三方质检公正地行使处理权，相对于业主和第三方，工程师是公正的另一方。监理单位在组织上是独立的。

(3) 监理单位与业主质检不存在主从关系，但应当承认业主的主导地位。

监理单位从事监理工作的依据是国家的箭镞法规、技术规范，监理合同，设计图纸，而不仅仅是业主的指令。

监理单位的行为准则是为业主服务，但同时也应制止业主的违法、违规行为。在为业主的最佳利益尽责的同时，也要维护第三方的合法权益，忠实地服务于社会的最高利益及维护自身的执业荣誉和声望。

在我国的工程建设中项目的投资主体绝大多数是政府或国有企业，业主同政府各部门之间有着千丝万缕的联系，监理工作的开展还要依托这种关系。加上目前建设市场又是买方市场，监理单位的整体素质不高，承认业主的主导地位，便于监理业务的开展。但这种承认应以符合国家法规和合同条款为前提，对业主的违规行为则不能盲从。

现实生活中，以上关系如果处理得不好，就可能会自觉或不自觉地改变这种关系，将监理搞成业主的代理人，或业主的从属单位。这样会造成对承包商的双重管理，就会削弱甚至丧失监理单位的作用。

4.3.2 监理机构与业主联系表格填写范例

一、工程变更表格填写范例（表4-19）

工程变更月报表（　年　月）　　　　　　　　　　表4-19

工程名称：××工程　　　　　　　　　　　　　　合同编号：×××
承建单位：××建筑公司　　　　　　　　　　　　文件编号：×××

变更工程项目或编码	变更文件文、图号	工程变更简要内容	变更对合同报价影响/万元
20××××××	水施48	柴油端试水装置改放到保洁间内	
20××××××	水施65	柴油发电机房内的 CO_2 灭火系统建议取消	
20××××××	通施13	Ⓑ—⑩轴～Ⓑ—⑭轴交Ⓑ～Ⓧ轴～Ⓑ～①轴处2根排风管建议由2000×500改为2000×400	
合计Σ			

报送单位：　　　　　　　　　审核人：×××　　　　　　　　　填报人：×××

日期：20××年××月××日

81

二、工程质量表格填写范例（表4-20）

工程质量检验月报表（20××年××月）

表 4-20

工程名称：××工程　　　　　　　　　　　　　　　　合同编号：×××

承建单位：××机电工程有限公司　　　　　　　　　　文件编号：×××

序号	验收项目名称或编码				验收日期	质量等级	备注
	单位工程	分部工程	分项工程	单元工程			
1	××工程	建筑给水排水及采暖	管道及配件安装		20××年××月××日	优	
2	××工程	建筑给水排水及采暖	金属辐射板安装		20××年××月××日	良	
3	××工程	建筑给水排水及采暖	给水管道及配件安装		20××年××月××日	优	
4							
5							
6							
7							
8							
9							
10							
11							
12							
13							
14							
15							
16							
17							
18							
19							

监理部：××项目监理机构　　审核人：×××　　填报人：×××　　日期：20××年××月××日

三、工程进度表格填写范例

1. 工程进度完成情况统计月报（表4-21）

工程名称：<u>××工程</u>　　　　　　　　　　　　　　　　　　　　　　　合同编号：×××

承建单位：<u>××建筑工程公司</u>　　　　　　　　　　　　　　　　　　　文件编号：×××

工程进度完成情况统计月报（20××年××月）

表 4-21

序号	工程项目或费用名称	单位	合同			自开工至上年末累计完成		年初至上月末累计完成		本月完成						备注
			工程量	单价/元	投资/元	工程量	投资/元	工程量	投资/元	承建单位填报		监理工程师审核		建设单位审计		
										工程量	单价/元	工程量	单价/元	工程量	单价/元	
1	基础土方	m³	1500	5.98	8970	—	—	280	1674.4	1300	7774	1250	7475	1250	7475	
2	土方回填	m³	900	4.2	3780	—	—	—	—	948	3981.6	940	3948	940	3948	
3	基础圈梁	m³	35	590.2	20657	—	—	—	—	36.5	21542.3	36.2	21365.24	36.2	21365.24	
4	水电管线预埋	元	—		1000	—	—	—	—	—	1100	—	1068	—	1068	
5	钢筋φ10以下	t	5.8	4100	23780	—	—	—	—	5.8	23780	5.7	23370	5.7	23370	
6	钢筋φ10以上	t	9.5	4600	43700	—	—	—	—	9.5	43700	9.3	42780	9.3	42780	
7																
8																
9																
10																
11																
12																
13																
14																

承建单位负责人：×××　　　　　　　填报人：×××　　　　　　　监理工程师（签章）：××××

2. 月份施工进度计划表（表 4-22）

月份施工进度计划表（20××年××月）　　　　　　　　　　　　　　表 4-22

工程名称：××工程　　　　　　　　　　　　　　　　　合同编号：×××

承建单位：××建筑工程公司　　　　　　　　　　　　　文件编号：×××

分项工程名称	单位	工程量	上月						本月																						
			26	27	28	29	30	31	1	2	3	4	5	6	7	8	9	10	11	12	13	14	15	16	17	18	19	20	21	22	23	24	25
基础土方																																	
基础垫层																																	
基础混凝土																																	
基础砌体																																	
土方回填																																	
基础圈梁																																	
一层墙体																																	
水电预埋																																	
备注																																	

承建单位负责人：×××　　　　　　　填报人：×××　　　　　　　监理工程师（签章）：×××

3. 进度计划与实际完成报表（表4-23）

进度计划与实际完成报表（20××年××月）　　　　表 4-23

工程名称：<u>××工程</u>　　　合同开工日期：<u>20××年××月</u>　　　承包人投标金额：<u>1650 万元</u>

合同编号：<u>×××</u>　　　　工期天数：<u>520 天</u>　　　　　获准的变更设计(增或减)：<u>88 万元</u>

承建单位：<u>××建筑工程公司</u>　批准延长工期天数：<u>8 天</u>　　　额外增加工程：<u>无</u>

设计竣工日期：<u>20××年 12 月 31 号</u>至期末预计最终费用：<u>1738 万元</u>

编号	项目	占承包值的（%）	期末完成项目的（%）	占总值的（%）	月计划占实际完成数量的比例(%)															完成工程（%）
					1	2	3	4	5	6	7	8	9	10	11	12	1	2	3	
1	基础	26	26	26																
2	主体	38	33	33																
3	装饰装修	20	4	4																
4	水电	9	6	6																
5	暖通	7	5	5																
		实际预定																		

监理部：<u>××项目监理机构</u>　　　制表人：<u>×××</u>　　　校核人：<u>×××</u>　　　报出日期：<u>20××年××月××日</u>

4. 施工进度产值计划与实际完成情况表（表4-24）

施工进度产值计划与实际完成情况表（20××年××月）　　　表 4-24

承建单位：<u>××公司</u>　　合同开工日期：<u>20××年××月</u>　　合同编号：<u>×××</u>
工程名称：<u>××工程</u>　　预期竣工日期：<u>20××年××月</u>　　合同工程总价：<u>590 万元</u>
　　　　　　　　　　　　　　　　　　　　　　　　　　　工期天数：<u>540 天</u>

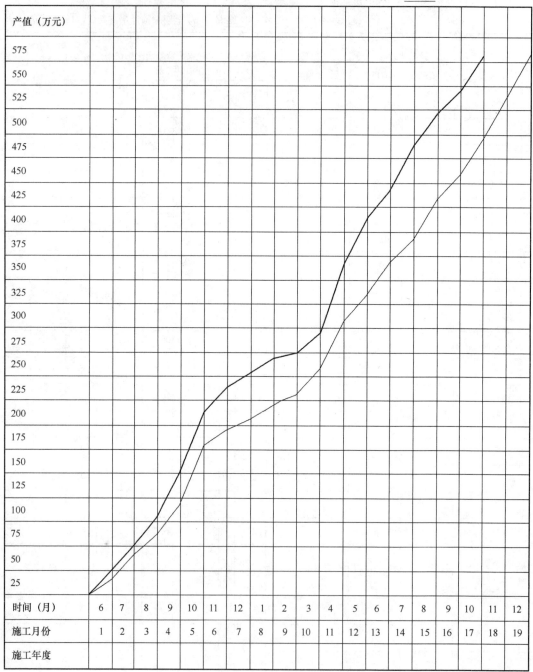

产值（万元）																			
时间（月）	6	7	8	9	10	11	12	1	2	3	4	5	6	7	8	9	10	11	12
施工月份	1	2	3	4	5	6	7	8	9	10	11	12	13	14	15	16	17	18	19
施工年度																			

监理部：<u>××项目监理机构</u>　　制表人：<u>×××</u>　　校核人：<u>×××</u>　　　　报出日期：<u>20××年××月</u>

注：计划线：———
　　实际线：———

86

5. 进度完成情况统计年报（表4-25）

进度完成情况统计年报（20××年）

表4-25

工程名称：××工程
承建单位：××建筑工程公司

合同编号：×××
文件编号：×××

序号	工程项目或费用名称	单位	合同			自开工至上年末累计完成		本年完成						备注
			工程量	单价/元	投资/元	工程量	投资/元	承建单位填报		监理工程师审核		业主审定		
								工程量	单价/元	工程量	单价/元	工程量	单价/元	
1	基础土方	m³	1500	5.98	8970	1500	8970	1500	8970	1450	8671	1450	8671	
2	基础垫层	m³	10	203.8	2038	10	2038	11	2241.8	10.5	2201.04	10.5	2201.04	
3	基础混凝土	m³	68	625.8	42554.4	68	42554.5	69	43180.2	68.5	42867.3	68.5	42867.3	
4	基础砌体	m³	98	166.02	16269.96	98	16269.96	99.5	16518.99	98.6	16369.57	98.6	16369.57	
5	土方回填	m³	900	4.2	3780	900	3780	948	3981.6 4162.4	940	3948	940	3948	
6	基础圈梁	m³	35	590.2	20657	35	20657	36.5	21542.3	36.2	21365.24	36.2	21365.24	
7														
8														
9														
10														
11														
12														
13														
14														

承建单位负责人：×××　　　　填报人：×××　　　　监理部（签章）：×××

87

6. 主要指标完成情况汇总表(表4-26)

主要指标完成情况汇总表(20××年)   表 4-26

工程名称：<u>××工程</u>   合同编号：<u>×××</u>
承建单位：<u>××建筑工程公司</u>   文件编号：<u>×××</u>

序号	工程项目	单位	合同量	自开工至上年末累计完成	年初至上月末累计完成	本月完成			备注
						施工单位填报	监理工程师审核	业主审定	
1	管道加工	m	1500	—	280	1300	1250	1250	
2	阀门安装	个	285	—	—	285	280	280	
3	水泵机组安装	台	5	—	—	5	5	5	
4									
5									
6									
7									
8									
9									
10									
11									
12									
13									
14									
15									
16									
17									
18									
19									
20									

承建单位负责人：×××   填报人：×××   监理部(签章)：×××

四、合同索赔表格填写范例（表 4-27）

合同索赔月报表（20××年××月）

表 4-27

工程名称：××工程
承建单位：××建筑工程公司

合同编号：×××
文件编号：×××

序号	索赔申报表号	理由简述	索赔签证单号	承建单位索赔支付额/万元	业主单位索赔支付额/万元	业主单位赔偿支付统计
1	001	设计变更	××—001	27.541	27.457	
2	002	材料供应不及时	××—002	1.35	1.25	
3						①本月业主单位净赔偿支付人民币 28.707 万元
4						②上月末累计赔偿支付人民币— 万元
5						③本月累计赔偿支付人民币 28.707 万元
6						
7						
8						
9						
10						
11						
12						
13						
14						
15						
16						
17						
18						
19						
合计	贰拾捌万柒仟零柒拾元整					

5 水暖工程质量监理与验收填写范例

5.1 室内给水排水系统工程

5.1.1 质量要求

一、室内给水系统工程

1. 基本要求

（1）给水管道必须采用与管材相适应的管件。生活给水系统所涉及的材料必须达到饮用水卫生标准。

（2）管径小于或等于100mm的镀锌钢管应采用螺纹连接，套丝扣时破坏的镀锌层表面及外露螺纹部分应做防腐处理；管径大于100mm的镀锌钢管应采用法兰或卡套式专用管件连接，镀锌钢管与法兰的焊接处应二次镀锌。

（3）给水塑料管和复合管可以采用橡胶圈接口、粘接接口、热熔连接、专用管件连接及法兰连接等形式。塑料管和复合管与金属管件、阀门等的连接应使用专用管件连接，不得在塑料管上套丝。

管道接口应符合下列规定：

1）管道采用粘接接口，管端插入承口的深度不得小于表 5-1 的规定。

管端插入承口的深度 表 5-1

公称直径/mm	20	25	32	40	50	75	100	125	150
插入深度/mm	16	19	22	26	31	44	61	69	80

2）熔接连接管道的结合面应有一均匀的熔接圈，不得出现局部熔瘤或熔接圈凸凹不匀现象。

3）采用橡胶圈接口的管道，允许沿曲线敷设，每个接口的最大偏转角不得超过 2°。

4）法兰连接时衬垫不得凸入管内，其外边缘接近螺栓孔为宜。不得安放双垫或偏垫。

5）连接法兰的螺栓，直径和长度应符合标准，拧紧后，突出螺母的长度不应大于螺杆直径的 1/2。

6）螺纹联接管道安装后的管螺纹根部应有 2～3 扣的外露螺纹，多余的麻丝应清理干净并做防腐处理。

（4）给水铸铁管管道应采用橡胶圈接口或水泥捻口方式进行连接。承插口采用水泥捻口时，油麻必须清洁、填塞密实，水泥应捻入并密实饱满，其接口面凹入承口边缘的深度不得大于 2mm。

（5）铜管连接可采用专用接头或焊接，当管径小于 22mm 时宜采用承插或套管焊接，承口应迎介质流向安装；当管径大于或等于 22mm 时宜采用对口焊接。

（6）给水立管和装有 3 个或 3 个以上配水点的支管始端，均应安装可拆卸的连接件。

（7）冷、热水管道同时安装应符合下列规定：

1）上、下平行安装时热水管应在冷水管上方。

2）垂直平行安装时热水管应在冷水管左侧。

2. 给水管道及配件安装

（1）主控项目

1）室内给水管道的水压试验必须符合设计要求。当设计未注明时，各种材质的给水管道系统试验压力均为工作压力的 1.5 倍，但不得小于 0.6MPa。

检验方法：金属及复合管给水管道系统在试验压力下观测 10min，压力降不应大于 0.02MPa，然后降到工作压力进行检查，应不渗不漏。塑料管给水系统应在试验压力下稳压 1h，压力降不得超过 0.05MPa，然后在工作压力的 1.15 倍状态下稳压 2h，压力降不得超过 0.03MPa，同时检查各连接处不得渗漏。

2）给水系统交付使用前必须进行通水试验并做好记录。

检验方法：观察和开启阀门、水嘴等放水。

3）生活给水系统管道在交付使用前必须冲洗和消毒。并经有关部门取样检验，符合《生活饮用水卫生标准》（GB 5749—2006）方可使用。

检验方法：检查有关部门提供的检测报告。

4）室内直埋给水管道（塑料管道和复合管道除外）应做防腐处理。埋地管道防腐层材质和结构应符合设计要求。

检验方法：观察或局部解剖检查。

（2）一般项目

1）给水引入管与排水排出管的水平净距不得小于 1m。室内给水与排水管道平行敷设时，两管间的最小水平净距不得小于 0.5m；交叉铺设时，垂直净距不得小于 0.15m。给水管应铺在排水管上面，若给水管必须铺在排水管的下面时，给水管应加套管，其长度不得小于捧水管管径的 3 倍。

检验方法：尺量检查。

2）管道及管件焊接的焊缝表面质量应符合下列要求：

①焊缝外形尺寸应符合图纸和工艺文件的规定，焊缝高度不得低于母材表面，焊缝与母材应圆滑过渡。

②焊缝及热影响区表面应无裂纹、未熔合、未焊透、夹渣、弧坑和气孔等缺陷。

检验方法：观察检查。

3）给水水平管道应有 2‰~5‰ 的坡度坡向泄水装置。

检验方法：水平尺和尺量检查。

4）给水管道和阀门安装的允许偏差应符合表 5-2 的规定。

5）管道的支、吊架安装应平整牢固，其间距应符合表 5-3、表 5-4、表 5-5 的规定。

检验方法：观察、尺量及手扳检查。

6）水表应安装在便于检修、不受曝晒、污染和冻结的地方。安装螺翼式水表，表前与阀门应有不小于 8 倍水表接口直径的直线管段。表外壳距墙表面净距为 10~30mm；水表进水口中心标高按设计要求，允许偏差为 ±10mm。

检验方法：观察和尺量检查。

项次	项　目			允许偏差/mm	检验方法
1	水平管道纵横方向弯曲	钢管	每米 全长 25m 以上	1 ≤25	用水平尺、直尺、拉线和尺量检查
		塑料管复合管	每米 全长 25m 以上	1.5 ≤25	
		铸铁管	每米 全长 25m 以上	2 ≤25	
2	立管垂直度	钢管	每米 5m 以上	3 ≤8	吊线和尺量检查
		塑料管复合管	每米 5m 以上	2 ≤8	
		铸铁管	每米 5m 以上	3 ≤10	
3	成排管段和成排阀门	在同一平面上间距		3	尺量检查

钢管管道支架的最大间距　　　　　　　表 5-3

公称直径/mm		15	20	25	32	40	50	70	80	100	125	150	200	250	300
支架最大间距/m	保温管	2	2.5	2.5	2.5	3	3	4	4	4.5	6	7	7	8	8.5
	不保温管	2.5	3	3.5	4	4.5	5	6	6	6.5	7	8	9.5	11	12

塑料管及复合管管道支架的最大间距　　　　　　　表 5-4

管径/mm			14	16	18	20	25	32	40	50	63	75	90	110
最大间距/m	立管		0.6	0.7	0.8	0.9	1.0	1.1	1.3	1.4	1.5	2.0	2.2	2.4
	水平管	冷水管	0.4	0.5	0.5	0.6	0.7	0.8	0.9	1.0	1.1	1.2	1.35	1.55
		热水管	0.2	0.25	0.3	0.3	0.35	0.4	0.5	0.6	0.7	0.8		

铜管管道支架的最大间距　　　　　　　表 5-5

公称直径/mm		15	20	25	32	40	50	65	80	100	125	150	200
支架的最大间距/m	垂直管	1.8	2.4	2.4	3.0	3.0	3.0	3.5	3.5	3.5	3.5	4.0	4.0
	水平管	1.2	1.8	1.8	2.4	2.4	2.4	3.0	3.0	3.0	3.0	3.5	3.5

3. 室内消火栓系统安装

（1）主控项目

室内消火栓系统安装完成后应取屋顶层（或水箱间内）试验消火栓和首层取两处消火栓做试射试验，达到设计要求为合格。

检验方法：实地试射检查。

（2）一般项目

1）安装消火栓水龙带，水龙带与水枪和快速接头绑扎好后，应根据箱内构造将水龙带挂放在箱内的挂钉、托盘或支架上。

检验方法：观察检查。

2）箱式消火栓的安装应符合下列规定：

① 栓口应朝外，并不应安装在门轴侧。

② 栓口中心距地面为 1.1m，允许偏差±20mm。

③ 阀门中心距箱侧面为 140mm，距箱后内表面为 100mm，允许偏差±5mm。

3）消火栓箱体安装的垂直度允许偏差为 3mm。

检验方法：观察和尺量检查。

4. 自动喷水灭火系统安装

（1）材料质量要求

1）自动喷水灭火系统施工前应对采用的系统组件、管件及其他设备、材料进行现场检查，并应符合下列要求：

① 统组件、管件及其他设备、材料，应符合设计要求和国家现行有关标准的规定，并应具有出厂合格证或质量认证书。

检查数量：全数检查。

检查方法：检查相关资料。

② 喷头、报警阀组件、压力开关、水流指示器、消防水泵、水泵接合器等系统主要组件，应经国家消防产品质量监督检验中心检测合格；稳压泵、自动排气阀、信号阀、多功能水泵控制阀、止回阀、泄压阀、减压阀、蝶阀、闸阀、压力表等，应经相应国家产品质量监督检验中心检测合格。

检查数量：全数检查。

检查方法：检查相关资料。

2）管材、管件应进行现场外观检查，并应符合下列要求：

① 镀锌钢管应为内外壁热镀锌钢管，钢管内外表面的镀锌层不得有脱落、锈蚀等现象；钢管的内、外径应符合现行国家标准《低压流体输送用焊接钢管》（GB/T 3091—2008）或现行国家标准《输送液体用无缝钢管》（GB/T 8163—2008）的规定。

② 表面应无裂纹、缩孔、夹渣、折叠和重皮。

③ 螺纹密封面应完整、无损伤、无毛刺。

④ 非金属密封垫片应质地柔韧、无老化变质或分层现象，表面应无折损、皱纹等缺陷。

⑤ 法兰密封面应完整光洁，不得有毛刺及径向沟槽；螺纹法兰的螺纹应完整、无损伤。

检查数量：全数检查。

检查方法：观察和尺量检查。

3）喷头的现场检验应符合下列要求：

① 喷头的商标、型号、公称动作温度、响应时间指数（RTI）、制造厂及生产日期等标志应齐全。

② 喷头的型号、规格等应符合设计要求。

③ 喷头外观应无加工缺陷和机械损伤。

④ 喷头螺纹密封面应无伤痕、毛刺、缺丝或断丝现象。

⑤ 闭式喷头应进行密封性能试验，以无渗漏、无损伤为合格。试验数量宜从每批中抽查 1%，但不得少于 5 只，试验压力应为 3.0MPa；保压时间不得少于 3min。当 2 只及 2 只以上不合格时，不得使用该批喷头。当仅有 1 只不合格时，应再抽查 2%，但不得少于 10 只，并重新进行密封性能试验；当仍有不合格时，亦不得使用该批喷头。

检查数量：抽查符合本条第⑤款的规定。

检查方法：观察检查及在专用试验装置上测试，主要测试设备有试压泵、压力表、秒表。

4）阀门及其附件的现场检验应符合下列要求：

① 阀门的商标、型号、规格等标志应齐全，阀门的型号、规格应符合设计要求。

② 阀门及其附件应配备齐全，不得有加工缺陷和机械损伤。

③ 报警阀除应有商标、型号、规格等标志外，尚应有水流方向的永久性标志。

④ 报警阀和控制阀的阀瓣及操作机构应动作灵活、无卡涩现象，阀体内应清洁、无异物堵塞。

⑤ 水力警铃的铃锤应转动灵活、无阻滞现象，传动轴密封性能好，不得有渗漏水现象。

⑥ 报警阀应进行渗漏试验。试验压力应为额定工作压力的2倍，保压时间不应小于5min。阀瓣处应无渗漏。

检查数量：全数检查。

检查方法：观察检查及在专用试验装置上测试，主要测试设备有试压泵、压力表、秒表。

5）压力开关、水流指示器、自动排气阀、减压阀、泄压阀、多功能水泵控制阀、止回阀、信号阀、水泵接合器及水位、气压、阀门限位等自动监测装置应有清晰的铭牌、安全操作指示标志和产品说明书；水流指示器、水泵接合器、减压阀、止回阀、过滤器、泄压阀、多功能水泵控制阀尚应有水流方向的永久性标志；安装前应进行主要功能检查。

检查数量：全数检查。

检查方法：观察检查及在专用试验装置上测试，主要测试设备有试压泵、压力表、秒表。

（2）管网及系统组件安装

1）管网安装

①主控项目

a. 管网采用钢管时，其材质应符合现行国家标准《输送流体用无缝钢管》（GB/T 8163—2008）、《低压流体输送用焊接钢管》（GB/T 3091—2008）的要求。当使用铜管、不锈钢管等其他管材时，应符合相应技术标准的要求。

检查数量：全数检查。

检查方法：查验材料质量合格证明文件、性能检测报告，尺量、观察检查。

b. 管道连接后不应减小过水横断面面积。热镀锌钢管安装应采用螺纹、沟槽式管件或法兰连接。

检查数量：抽查20%，且不得少于5处。

检查方法：观察检查。

c. 管网安装前应校直管道，并清除管道内部的杂物；在具有腐蚀性的场所，安装前应按设计要求对管道、管件等进行防腐处理；安装时应随时清除管道内部的杂物。

检查数量：抽查20%，且不得少于5处。

检查方法：观察检查和用水平尺检查。

d. 沟槽式管件连接应符合下列要求：

a）选用的沟槽式管件应符合《沟槽式管接头》（CJ/T 156—2001）的要求，其材质应为球墨铸铁，并符合现行国家标准《球墨铸铁件》（GB/T 1348—2009）的要求；橡胶密封圈的材质应为 EPDN（三元乙丙胶），并符合《金属管道系统快速管接头的性能要求和试验方法》（ISO 6182—12）的要求。

b）沟槽式管件连接时，其管道连接沟槽和开孔应用专用滚槽机和开孔机加工，并应做防腐处理；连接前应检查沟槽和孔洞尺寸，加工质量应符合技术要求；沟槽、孔洞处不得有毛刺、破损性裂纹和脏物。

检查数量：抽查 20%，且不得少于 5 处。

检查方法：观察和尺量检查。

c）橡胶密封圈应无破损和变形。

检查数量：抽查 20%，且不得少于 5 处。

检查方法：观察检查。

d）沟槽式管件的凸边应卡进沟槽后再紧固螺栓，两边应同时紧固，紧固时发现橡胶圈起皱应更换新橡胶圈。

检查数量：抽查 20%，且不得少于 5 处。

检查方法：观察检查。

e）机械三通连接时，应检查机械三通与孔洞的间隙，各部位应均匀，然后再紧固到位；机械三通开孔间距不应小于 500mm，机械四通开孔间距不应小于 1000mm；机械三通、机械四通连接时支管的口径应满足表 5-6 的规定。

采用支管接头（机械三通、机械四通）时支管的最大允许管径（mm）　　　表 5-6

主管直径 DN		50	65	80	100	125	150	200	250
支管直径 DN	机械三通	25	40	40	65	80	100	100	100
	机械四通	—	32	40	50	65	80	100	100

检查数量：抽查 20%，且不得少于 5 处。

检查方法：观察和尺量检查。

f）配水干管（立管）与配水管（水平管）连接，应采用沟槽式管件，不应采用机械三通。

检查数量：抽查 20%，且不得少于 5 处。

检查方法：观察检查。

g）埋地的沟槽式管件的螺栓、螺帽应做防腐处理。水泵房内的埋地管道连接应采用挠性接头。

检查数量：全数检查。

检查方法：观察检查或局部解剖检查。

e. 螺纹连接应符合下列要求：

a）管道宜采用机械切割，切割面不得有飞边、毛刺；管道螺纹密封面应符合现行国家标准《普通螺纹 基本尺寸要求》（GB/T 196—2003）、《普通螺纹 公差》（GB/T 197—2003）、《普通螺纹 管路系列》（GB/T 1414—2003）的有关规定。

b）当管道变径时，宜采用异径接头；在管道弯头处不宜采用补芯，当需要采用补芯时，三通上可用 1 个，四通上不应超过 2 个；公称直径大于 50mm 的管道不宜采用活接头。

检查数量：全数检查。

检查方法：观察检查。

c）螺纹连接的密封填料应均匀附着在管道的螺纹部分；拧紧螺纹时，不得将填料挤入管道内；连接后，应将连接处外部清理干净。

检查数量：抽查 20%，且不得少于 5 处。

检查方法：观察检查。

f. 法兰连接可采用焊接法兰或螺纹法兰。焊接法兰焊接处应做防腐处理，并宜重新镀锌后再连接。焊接应符合现行国家标准《工业金属管道工程施工及验收规范》（GB 50235—2010）、《现场设备、工业管道焊接工程施工规范》（GB 50236—2011）的有关规定。螺纹法兰连接应预测对接位置，清除外露密封填料后再紧固、连接。

检查数量：抽查 20%，且不得少于 5 处。

检查方法：观察检查。

②一般项目

a. 管道的安装应符合设计要求，当设计无要求时，管道的中心线与梁、柱、楼板等的最小距离应符合表 5-7 的规定。

管道的中心线与梁、柱楼板的最小距离　　　　　表 5-7

公称直径/mm	25	32	40	50	70	80	100	125	150	200
距离/mm	40	40	50	60	70	80	100	125	150	200

检查数量：抽查 20%，且不得少于 5 处。

检查方法：尺量检查。

b. 管道支架、吊架、防晃支架的安装应符合下列要求：

a）管道应固定牢固；管道支架或吊架之间的距离不应大于表 5-8 的规定。

管道支架或吊架之间的距离　　　　　表 5-8

公称直径/mm	25	32	40	50	70	80	100	125	150	200	250	300
距离/m	3.5	4.0	4.5	5.0	6.0	6.0	6.5	7.0	8.0	9.5	11.0	12

检查数量：抽查 20%，且不得少于 5 处。

检查方法：尺量检查。

b）管道支架、吊架、防晃支架的型式、材质、加工尺寸及焊接质量等，应符合设计要求和国家现行有关标准的规定。

c）管道支架、吊架的安装位置不应妨碍喷头的喷水效果；管道支架、吊架与喷头之间的距离不宜小于 300mm；与末端喷头之间的距离不宜大于 750mm。

检查数量：抽查 20%，且不得少于 5 处。

检查方法：尺量检查。

d）配水支管上每一直管段、相邻两喷头之间的管段设置的吊架均不宜少于 1 个，吊架的间距不宜大于 3.6m。

检查数量：抽查 20%，且不得少于 5 处。

检查方法：观察检查和尺量检查。

2）喷头安装

主控项目：

① 喷头安装应在系统试压、冲洗合格后进行。

检查数量：全数检查。

检查方法：检查系统试压、冲洗记录表。

② 喷头安装时不得对喷头进行拆装、改动，并严禁给喷头附加任何装饰性涂层。

检查数量：全数检查。

检查方法：观察检查。

③ 喷头安装应使用专用扳手，严禁利用喷头的框架施拧；喷头的框架、溅水盘产生变形或释放原件损伤时，应采用规格、型号相同的喷头更换。

检查数量：全数检查。

检查方法：观察检查。

④ 安装在易受机械损伤处的喷头，应加设喷头防护罩。

检查数量：全数检查。

检查方法：观察检查。

⑤ 喷头安装时，溅水盘与吊顶、门、窗、洞口或障碍物的距离应符合设计要求。

检查数量：全数检查。

检查方法：对照图纸，尺量检查。

⑥ 安装前检查喷头的型号、规格、使用场所应符合设计要求。

检查数量：全数检查。

检查方法：对照图纸，观察检查。

⑦ 当喷头的公称直径小于 10mm 时，应在配水干管上安装过滤器。

检查数量：全数检查。

检查方法：观察检查。

⑧ 当喷头溅水盘高于附近梁底或高于宽度小于 1.2m 的通风管道、排管、桥架腹面时，喷头溅水盘高于梁底、通风管道、排管、桥架腹面的最大垂直距离应符合《自动喷水灭火系统施工及验收规范》（GB 50261—2005）第 5.2.8 条的规定。

检查数量：全数检查。

检查方法：尺量检查。

⑨ 当梁、当梁、通风管道、排管、桥架宽度大于 1.2m 时，增设的喷头应安装在其腹面以下部位。

检查数量：全数检查。

检查方法：观察检查。

⑩ 当喷头安装在不到顶的隔断附近时，喷头与隔断的水平距离和最小垂直距离应符合《自动喷水灭火系统施工及验收规范》（GB 50261—2005）第 5.2.10 条的规定。

检查数量：全数检查。

检查方法：尺量检查。

3）报警阀组安装

主控项目：

① 报警阀组的安装应在供水管网试压、冲洗合格后进行。安装时应先安装水源控制阀、报警阀，然后进行报警阀辅助管道的连接。水源控制阀、报警阀与配水干管的连接，应使水流方向一致。报警阀组安装的位置应符合设计要求；当设计无要求时，报警阀组应安装在便于操作的明显位置，距室内地面高度宜为1.2m，两侧与墙的距离不应小于0.5m，正面与墙的距离不应小于1.2m，报警阀组凸出部位之间的距离不应小于0.5m。安装报警阀组的室内地面应有排水设施。

检查数量：全数检查。

检查方法：检查系统试压、冲洗记录表，观察检查和尺量检查。

② 报警阀组附件的安装应符合下列要求：

a. 压力表应安装在报警阀上便于观测的位置。

b. 排水管和试验阀应安装在便于操作的位置。

c. 水源控制阀安装应便于操作，且应有明显开闭标志和可靠的锁定设施。

d. 在报警阀与管网之间的供水干管上，应安装由控制阀、检测供水压力、流量用的仪表及排水管道组成的系统流量压力检测装置，其过水能力应与系统过水能力一致；干式报警阀组、雨淋报警阀组应安装检测时水流不进入系统管网的信号控制阀门。

检查数量：全数检查。

检查方法：观察检查。

③ 湿式报警阀组的安装应符合下列要求：

a. 应使报警阀前后的管道中能顺利充满水；压力波动时，水力警铃不应发生误报警。

检查数量：全数检查。

检查方法：观察检查和开启阀门以小于一个喷头的流量放水。

b. 报警水流通路上的过滤器应安装在延迟器前，且便于排渣操作的位置。

检查数量：全数检查。

检查方法：观察检查。

④ 干式报警阀组的安装应符合下列要求：

a. 应安装在不发生冰冻的场所。

b. 安装完成后，应向报警阀气室注入高度为50～100mm的清水。

c. 充气连接管接口应在报警阀气室充注水位以上部位，且充气连接管的直径不应小于15mm；止回阀、截止阀应安装在充气连接管上。

检查数量：全数检查。

检查方法：观察检查和尺量检查。

d. 气源设备的安装应符合设计要求和国家现行有关标准的规定。

e. 安全排气阀应安装在气源与报警阀之间，且应靠近报警阀。

检查数量：全数检查。

检查方法：观察检查。

f. 加速器应安装在靠近报警阀的位置，且应有防止水进入加速器的措施。

检查数量：全数检查。

检查方法：观察检查。

g. 低气压预报警装置应安装在配水干管一侧。

检查数量：全数检查。

检查方法：观察检查。

h. 下列部位应安装压力表：报警阀充水一侧和充气一侧、空气压缩机的气泵和储气罐上、加速器上。

检查数量：全数检查。

检查方法：观察检查。

i. 管网充气压力应符合设计要求。

⑤雨淋阀组的安装应符合下列要求：

a. 雨淋阀组可采用电动开启、传动管开启或手动开启，开启控制装置的安装应安全可靠。水传动管的安装应符合湿式系统有关要求。

b. 预作用系统雨淋阀组后的管道若需充气，其安装应按干式报警阀组有关要求进行。

c. 雨淋阀组的观测仪表和操作阀门的安装位置应符合设计要求，并应便于观察和操作。

检查数量：全数检查。

检查方法：观察检查。

d. 雨淋阀组手动开启装置的安装位置应符合设计要求，且在发生火灾时应能安全开启和便于操作。

检查数量：全数检查。

检查方法：对照图纸观察检查和开启阀门检查。

e. 压力表应安装在雨淋阀的水源一侧。

检查数量：全数检查。

检查方法：观察检查。

4）其他组件安装。

①主控项目

a. 水流指示器的安装应符合下列要求：

a）水流指示器的安装应在管道试压和冲洗合格后进行，水流指示器的规格、型号应符合设计要求。

检查数量：全数检查。

检查方法：对照图纸观察检查和检查管道试压和冲洗记录。

b）水流指示器应使电器元件部位竖直安装在水平管道上侧，其动作方向应和水流方向一致；安装后的水流指示器桨片、膜片应动作灵活，不应与管壁发生碰擦。

检查数量：全数检查。

检查方法：观察检查和开启阀门放水检查。

b. 控制阀的规格、型号和安装位置均应符合设计要求；安装方向应正确，控制阀内应清洁、无堵塞、无渗漏；主要控制阀应加设启闭标志；隐蔽处的控制阀应在明显处设有指示其位置的标志。

检查数量：全数检查。

检查方法：观察检查。

c. 压力开关应竖直安装在通往水力警铃的管道上，且不应在安装中拆装改动。管网上的压力控制装置的安装应符合设计要求。

检查数量：全数检查。

检查方法：观察检查。

d. 水力警铃应安装在公共通道或值班室附近的外墙上，且应安装检修、测试用的阀门。水力警铃和报警阀的连接应采用热镀锌钢管，当镀锌钢管的公称直径为 20mm 时，其长度不宜大于 20m；安装后的水力警铃启动时，警铃声强度应不小于 70dB。

检查数量：全数检查。

检查方法：观察检查、尺量检查和开启阀门放水，水力警铃启动后检查压力表的数值。

e. 末端试水装置和试水阀的安装位置应便于检查、试验，并应有相应排水能力的排水设施。

检查数量：全数检查。

检查方法：观察检查。

②一般项目

a. 信号阀应安装在水流指示器前的管道上，与水流指示器之间的距离不宜小于 300mm。

检查数量：全数检查。

检查方法：观察检查尺量检查。

b. 排气阀的安装应在系统管网试压和冲洗合格后进行，排气阀应安装在配水干管顶部、配水管的末端，且应确保无渗漏。

检查数量：全数检查。

检查方法：观察检查和检查管道试压及冲洗记录。

c. 节流管和减压孔板的安装应符合设计要求。

检查数量：全数检查。

检查方法：对照图纸观察检查和尺量检查。

d. 压力开关、信号阀、水流指示器的引出线应用防水套管锁定。

检查数量：全数检查。

检查方法：观察检查。

e. 减压阀的安装应符合下列要求：

a）减压阀安装前应在供水管网试压、冲洗合格后进行。

检查数量：全数检查。

检查方法：检查管道试压及冲洗记录。

b）减压阀安装前应检查：其规格型号应与设计相符；阀外控制管路及导向阀各连接件不应有松动；外观应无机械损伤，并应清除阀内异物。

检查数量：全数检查。

检查方法：对照图纸观察检查和手扳检查。

ⓐ 减压阀水流方向应与供水管网水流方向一致。

ⓑ 应在进水侧安装过滤器，并宜在其前后安装控制阀。

ⓒ 可调式减压阀宜水平安装，阀盖应向上。

ⓓ 比例式减压阀宜垂直安装；当水平安装时，单呼吸孔减压阀其孔口应向下，双呼吸孔减压阀其孔口应呈水平位置。

ⓔ 安装自身不带压力表的减压阀时，应在其前后相邻部位安装压力表。

检查数量：全数检查。

检查方法：观察检查。

f. 多功能水泵控制阀的安装应符合下列要求：

a）安装应在供水管网试压、冲洗合格后进行。

检查数量：全数检查。

检查方法：检查管道试压和冲洗记录。

b）在安装前应检查：其规格型号应与设计相符；主阀各部件应完好；紧固件应齐全，无松动；各连接管路应完好，接头紧固；外观应无机械损伤，并应清除阀内异物。

检查数量：全数检查。

检查方法：对照图纸观察检查和手扳检查。

c）水流方向应与供水管网水流方向一致。

d）出口安装其他控制阀时应保持一定间距，以便于维修和管理。

e）宜水平安装，且阀盖向上。

f）安装自身不带压力表的多功能水泵控制阀时，应在其前后相邻部位安装压力表。

g）进口端不宜安装柔性接头。

检查数量：全数检查。

检查方法：观察检查。

g. 倒流防止器的安装应符合下列要求：

a）应在管道冲洗合格以后进行。

检查数量：全数检查。

检查方法：检查管道试压和冲洗记录。

b）不应在倒流防止器的进口前安装过滤器或者使用带过滤器的倒流防止器。

c）宜安装在水平位置，当竖直安装时，排水口应配备专用弯头。倒流防止器宜安装在便于调试和维护的位置。

d）倒流防止器两端应分别安装闸阀，而且至少有一端应安装挠性接。

e）倒流防止器上的泄水阀不宜反向安装，泄水阀应采取间接排水方式，其排水管不应直接与排水管（沟）连接。

f）安装完毕后，首次启动使用时，应关闭出水闸阀，缓慢打开进水闸阀，待阀腔充满水后，缓慢打开出水闸阀。

检查数量：全数检查。

检查方法：观察检查。

（3）系统试压和冲洗

管网安装完毕后，应对其进行强度试验、严密性试验和冲洗。

1）水压试验

① 主控项目

a. 当系统设计工作压力等于或小于 1.0MPa 时，水压强度试验压力应为设计工作压力的 1.5 倍，并不应低于 1.4MPa；当系统设计工作压力大于 1.0MPa 时，水压强度试验压力应为该工作压力加 0.4MPa。

检查数量：全数检查。

检查方法：观察检查。

b. 水压强度试验的测试点应设在系统管网的最低点。对管网注水时，应将管网内的空气排净，并应缓慢升压；达到试验压力后，稳压 30min 后，管网应无泄漏、无变形，且压力降不应大于 0.05MPa。

检查数量：全数检查。

检查方法：观察检查。

c. 水压严密性试验应在水压强度试验和管网冲洗合格后进行。试验压力应为设计工作压力，稳压 24h 应无泄漏。

检查数量：全数检查。

检查方法：观察检查。

② 一般项目

a. 水压试验时环境温度不宜低于 5℃，当低于 5℃时，水压试验应采取防冻措施。

检查数量：全数检查。

检查方法：用温度计检查。

b. 自动喷水灭火系统的水源干管、进户管和室内埋地管道，应在回填前单独或与系统一起进行水压强度试验和水压严密性试验。

检查数量：全数检查。

检查方法：观察和检查水压强度试验及水压严密性试验记录。

2）气压试验

① 主控项目

气压严密性试验压力应为 0.28MPa，且稳压 24h，压力降不应大于 0.01MPa。

检查数量：全数检查。

检查方法：观察检查。

② 一般项目

气压试验的介质宜采用空气或氮气。

检查数量：全数检查。

检查方法：观察检查。

3）冲洗

① 主控项目

a. 管网冲洗的水流流速、流量不应小于系统设计的水流流速、流量；管网冲洗宜分区、分段进行；水平管网冲洗时，其排水管位置应低于配水支管。

检查数量：全数检查。

检查方法：使用流量计和观察检查。

b. 管网冲洗的水流方向应与灭火时管网的水流方向一致。

检查数量：全数检查。

检查方法：观察检查。

c. 管网冲洗应连续进行。当出口处水的颜色、透明度与入口处水的颜色、透明度基本一致时，冲洗方可结束。

检查数量：全数检查。

检查方法：观察检查。

②一般项目

a. 管网冲洗宜设临时专用排水管道，其排放应畅通和安全；排水管道的截面面积不得小于被冲洗管道截面面积的 60%。

检查数量：全数检查。

检查方法：观察和尺量、试水检查。

b. 管网的地上管道与地下管道连接前，应在配水干管底部加设堵头后，对地下管道进行冲洗。

检查数量：全数检查。

检查方法：观察检查。

c. 管网冲洗结束后，应将管网内的水排除干净，必要时可采用压缩空气吹干。

检查数量：全数检查。

检查方法：观察检查。

5. 给水设备安装

（1）生活给水设备安装

1）主控项目

① 水泵就位前的基础混凝土强度、坐标、标高、尺寸和螺栓孔位置必须符合设计规定。

检验方法：对照图纸用仪器和尺量检查。

② 水泵试运转的轴承温升必须符合设备说明书的规定。

检验方法：温度计实测检查。

③ 敞口水箱的满水试验和密闭水箱（罐）的水压试验必须符合设计与《建筑给水排水及采暖工程施工质量验收规范》（GB 50242—2002）的规定。

检验方法：满水试验静置 24h 观察，不渗不漏；水压试验在试验压力下 10min 压力不降，不渗不漏。

2）一般项目

① 水箱支架或底座安装，其尺寸及位置应符合设计规定，埋设平整牢固。

检验方法：对照图纸，尺量检查。

② 水箱溢流管和泄放管应设置在排水地点附近但不得与排水管直接连接。

检验方法：观察检查。

③ 立式水泵的减振装置不应采用弹簧减振器。

检验方法：观察检查。

④ 室内给水设备安装的允许偏差应符合表 5-9 的规定。

室内给水设备安装的允许偏差和检验方法　　　　　　　　　　　　表 5-9

项次	项	目		允许偏差/mm	检验方法
1	静置设备	坐标		15	经纬仪或拉线、尺量
		标高		±5	用水准仪、拉线和尺量检查
		垂直度（每/m）		5	吊线和尺量检查
2	离心式水泵	立式泵体垂直度（每米）		0.1	水平尺和塞尺检查
		卧式泵体水平度（每米）		0.1	水平尺和塞尺检查
		联轴器同心度	轴向倾斜（每米）	0.8	在联轴器互相垂直的四个位置上用水准仪、百分表或测微螺钉和塞尺检查
			径向位移	0.1	

⑤ 管道及设备保温层的厚度和平整度的允许偏差应符合表 5-10 的规定。

管道及设备保温的允许偏差和检验方法　　　　　　　　　　　表 5-10

项次	项	目	允许偏差/mm	检验方法
1	厚	度	$+0.1\delta$ -0.05δ	用钢针刺入
2	表 面平整度	卷 材	5	用 2m 靠尺和楔形塞尺检查
		涂 抹	10	

注：δ 为保温层厚度。

（2）消防供水设施安装

消防水泵、消防水箱、消防水池、消防气压给水设备、消防水泵接合器等供水设施及其附属管道的安装，应清除其内部污垢和杂物。安装中断时，其敞口处应封闭。消防供水设施应采取安全可靠的防护措施，其安装位置应便于日常操作和维护管理。消防供水管直接与市政供水管、生活供水管连接时，连接处应安装倒流防止器。供水设施安装时，环境温度不应低于 5℃，当环境温度低于 5℃时，应采取防冻措施。

1）消防水泵安装

主控项目：

① 消防水泵的规格、型号应符合设计要求，并应有产品合格证和安装使用说明书。

检查数量：全数检查。

检查方法：对照图纸观察检查。

② 消防水泵的安装，应符合现行国家标准《机械设备安装工程施工及验收通用规范》（GB 50231—2009）、《压缩机、风机、泵安装工程施工及验收规范》（GB 50275—2010）的有关规定。

检查数量：全数检查。

检查方法：尺量和观察检查。

③ 吸水管及其附件的安装应符合下列要求：

a. 吸水管上应设过滤器，并应安装在控制阀后。

b. 吸水管上的控制阀应在消防水泵固定于基础上之后再进行安装，其直径不应小于消防水泵吸水口直径，且不应采用没有可靠锁定装置的蝶阀，蝶阀应采用沟槽式或法兰式蝶阀。

c. 当消防水泵和消防水池位于独立的两个基础上且相互为刚性连接时，吸水管上应加设柔性连接管。

d. 吸水管水平管段上不应有气囊和漏气现象。变径连接时，应采用偏心异径管件并应采用管顶平接。

检查数量：全数检查。

检查方法：观察检查。

④ 消防水泵的出水管上应安装止回阀、控制阀和压力表，或安装控制阀、多功能水泵控制阀和压力表；系统的总出水管上还应安装压力表和泄压阀；安装压力表时应加设缓冲装置。压力表和缓冲装置之间应安装旋塞；压力表量程应为工作压力的 2~2.5 倍。

检查数量：全数检查。

检查方法：观察检查。

2）消防水箱安装和消防水池施工

① 主控项目

a. 消防水池、消防水箱的施工和安装，应符合现行国家标准《给水排水构筑物施工及验收规范》（GBJ 141—2008）、《建筑给水排水及采暖工程施工质量验收规范》（GB 50242—2002）的有关规定。

检查数量：全数检查。

检查方法：尺量和观察检查。

b. 钢筋混凝土消防水池或消防水箱的进水管、出水管应加设防水套管，对有振动的管道应加设柔性接头。组合式消防水池或消防水箱的进水管、出水管接头宜采用法兰连接，采用其他连接时应做防锈处理。

检查数量：全数检查。

检查方法：观察检查。

② 一般项目

a. 消防水箱、消防水池的容积、安装位置应符合设计要求。安装时，池（箱）外壁与建筑本体结构墙面或其他池壁之间的净距，应满足施工或装配的需要。无管道的侧面，净距不宜小于 0.7m；安装有管道的侧面，净距不宜小于 1.0m，且管道外壁与建筑本体墙面之间的通道宽度不宜小于 0.6m；设有人孔的池顶，顶板面与上面建筑本体板底的净空不应小于 0.8m。

检查数量：全数检查。

检查方法：对照图纸，尺量检查。

b. 消防水池、消防水箱的溢流管、泄水管不得与生产或生活用水的排水系统直接相连，应采用间接排水方式。

检查数量：全数检查。

检查方法：观察检查。

3）消防气压给水设备和稳压泵安装

① 主控项目

a. 消防气压给水设备的气压罐，其容积、气压、水位及工作压力应符合设计要求。

检查数量：全数检查。

检查方法：对照图纸，观察检查。

b. 消防气压给水设备安装位置、进水管及出水管方向应符合设计要求；出水管上应设止回阀，安装时其四周应设检修通道，其宽度不宜小于 0.7m，消防气压给水设备顶部至楼板或梁底的距离不宜小于 0.6m。

检查数量：全数检查。

检查方法：对照图纸，尺量和观察检查。

② 一般项目

a. 消防气压给水设备上的安全阀、压力表、泄水管、水位指示器、压力控制仪表等的安装应符合产品使用说明书的要求。

b. 稳压泵的规格、型号应符合设计要求，并应有产品合格证和安装使用说明书。

检查数量：全数检查。

检查方法：对照图纸，观察检查。

c. 稳压泵的安装，应符合现行国家标准《机械设备安装工程施工及验收通用规范》（GB 50231—2009）、《压缩机、风机、泵安装工程施工及验收规范》（GB 50275—2010）的有关规定。

检查数量：全数检查。

检查方法：尺量和观察检查。

4）消防水泵接合器安装

① 主控项目

a. 组装式消防水泵接合器的安装，应按接口、本体、连接管、止回阀、安全阀、放空管、控制阀的顺序进行，止回阀的安装方向应使消防用水能从消防水泵接合器进入系统；整体式消防水泵接合器的安装，按其使用安装说明书进行。

检查数量：全数检查。

检查方法：观察检查。

b. 消防水泵接合器的安装应符合下列规定：

a）应安装在便于消防车接近的人行道或非机动车行驶地段，距室外消火栓或消防水池的距离宜为 15~40m。

b）自动喷水灭火系统的消防水泵接合器应设置与消火栓系统的消防水泵接合器区别的永久性固定标志，并有分区标志。

c）地下消防水泵接合器应采用铸有"消防水泵接合器"标志的铸铁井盖，并在附近设置指示其位置的永久性固定标志。

检查数量：全数检查。

检查方法：观察检查。

d）墙壁消防水泵接合器的安装应符合设计要求。设计无要求时，其安装高度距地面宜为 0.7m；与墙面上的门、窗、孔、洞的净距离不应小于 2.0m，且不应安装在玻璃幕墙下方。

检查数量：全数检查。

检查方法：观察检查和尺量检查。

c. 地下消防水泵接合器的安装，应使进水口与井盖底面的距离不大于 0.4m，且不应小于井盖的半径。

检查数量：全数检查。

检查方法：尺量检查。

② 一般项目

地下消防水泵接合器井的砌筑应有防水和排水措施。

检查数量：全数检查。

检查方法：观察检查。

二、室内排水系统工程

1. 排水管道及配件安装

（1）主控项目

1）隐蔽或埋地的排水管道在隐蔽前必须做灌水试验，其灌水高度应不低于底层卫生器具的上边沿或底层地面高度。

检验方法：满水 15min 水面下降后，再灌满观察 5min，液面不降，管道接口无渗漏为合格。

2）生活污水铸铁管道的坡度必须符合设计或表 5-11 的规定。

生活污水铸铁管道的坡度 表 5-11

项 次	管 径/mm	标准坡度（‰）	最小坡度（‰）
1	50	35	25
2	75	25	15
3	100	20	12
4	125	15	10
5	150	10	7
6	200	8	5

检验方法：水平尺、拉线尺量检查。

3）生活污水塑料管道的坡度必须符合设计或表 5-12 的规定。

生活污水塑料管道的坡度 表 5-12

项 次	管 径/mm	标准坡度（‰）	最小坡度（‰）
1	50	25	12
2	75	15	8
3	110	12	6
4	125	10	5
5	160	7	4

检验方法：水平尺、拉线尺量检查。

4）排水塑料管必须按设计要求及位置装设伸缩节。如设计无要求时，伸缩节间距不得大于 4m。高层建筑中明设排水塑料管道应按设计要求设置阻火圈或防火套管。

检验方法：观察检查。

5）排水主立管及水平干管管道均应做通球试验，通球球径不小于排水管道管径的 2/3，通球率必须达到 100％。

检查方法：通球检查。

（2）一般项目

1) 在生活污水管道上设置的检查口或清扫口，当设计无要求时应符合下列规定：

① 在立管上应每隔一层设置一个检查口，但在最底层和有卫生器具的最高层必须设置。如为2层建筑时，可仅在底层设置立管检查口；如有乙字弯管时，则在该层乙字弯管的上部设置检查口。检查口中心高度距操作地面一般为1m，允许偏差±20mm；检查口的朝向应便于检修。暗装立管，在检查口处应安装检修门。

② 在连接2个及2个以上大便器或3个及3个以上卫生器具的污水横管上应设置清扫口。当污水管在楼板下悬吊敷设时，可将清扫口设在上一层楼地面上，污水管起点的清扫口与管道相垂直的墙面距离不得小于200mm；若污水管起点设置堵头代替清扫口时，与墙面距离不得小于400mm。

③ 在转角小于135°的污水横管上，应设置检查口或清扫口。

④ 污水横管的直线管段，应按设计要求的距离设置检查口或清扫口。

检验方法：观察和尺量检查。

2) 埋在地下或地板下的排水管道的检查口，应设在检查井内。井底表面标高与检查口的法兰相平，井底表面应有5%坡度，坡向检查口。

检验方法：尺量检查。

3) 金属排水管道上的吊钩或卡箍应固定在承重结构上。固定件间距：横管不大于2m，立管不大于3m。楼层高度小于或等于4m，立管可安装1个固定件。立管底部的弯管处应设支墩或采取固定措施。

检验方法：观察和尺量检查。

4) 排水塑料管道支吊架间距应符合表5-13的规定。

排水塑料管道支吊架最大间距（m）　　　　　　　　　　　　　　表5-13

管径/mm	50	75	110	125	160
立　　管	1.2	1.5	2.0	2.0	2.0
横　　管	0.5	0.75	1.1	1.3	1.6

检验方法：尺量检查。

5) 排水通气管不得与风道或烟道连接，且应符合下列规定：

① 通气管应高出屋面300mm，但必须大于最大积雪厚度。

② 在通气管出口4m以内有门、窗时，通气管应高出门、窗顶600mm或引向无门、窗一侧。

③ 在经常有人停留的平屋顶上，通气管应高出屋面2m，并应根据防雷要求设置防雷装置。

④ 屋顶有隔热层应从隔热层板面算起。

检验方法：观察和尺量检查。

6) 安装未经消毒处理的医院含菌污水管道，不得与其他排水管道直接连接。

检验方法：观察检查。

7) 饮食业工艺设备引出的排水管及饮用水水箱的溢流管，不得与污水管道直接连接，并应留出不小于100mm的隔断空间。

检验方法：观察和尺量检查。

8) 通向室外的排水管，穿过墙壁或基础必须下翻时，应采用45°三通和45°弯头连接，并应在垂直管段顶部设置清扫口。

检验方法：观察和尺量检查。

9）由室内通向室外排水检查井的排水管，井内引入管应高于排出管或两管顶相平，并有不小于90°的水流转角，如跌落差大于300mm可不受角度限制。

检验方法：观察和尺量检查。

10）用于室内排水的水平管道与水平管道、水平管道与立管的连接，应采用45°三通或45°四通和90°斜三通或90°斜四通。立管与排出管端部的连接，应采用两个45°弯头或曲率半径不小于4倍管径的90°弯头。

检验方法：观察和尺量检查。

11）室内排水管道安装的允许偏差应符合表5-14的相关规定。

室内排水和雨水管道安装的允许偏差和检验方法　　表5-14

项次	项　　目				允许偏差/mm	检验方法
1	坐　　标				15	用水准仪（水平尺）、直尺、拉线和尺量检查
2	标　　高				±15	
3	横管纵横方向弯曲	铸铁管		每1m	≤1	
				全长（25m以上）	≤25	
		钢　管	每1m	管径小于或等于100mm	1	
				管径大于100mm	1.5	
			全长（25m以上）	管径小于或等于100mm	≤25	
				管径大于100mm	≤38	
		塑料管		每1m	1.5	
				全长（25m以上）	≤38	
		钢筋混凝土管、混凝土管		每1m	3	
				全长（25m以上）	≤75	
4	立管垂直度	铸铁管		每1m	3	吊线和尺量检查
				全长（5m以上）	≤15	
		钢　管		每1m	3	
				全长（5m以上）	≤10	
		塑料管		每1m	3	
				全长（5m以上）	≤15	

2. 雨水管道及配件安装

（1）主控项目

1）安装在室内的雨水管道安装后应做灌水试验，灌水高度必须到每根立管上部的雨水斗。

检验方法：灌水试验持续1h，不渗不漏。

2）雨水管道如采用塑料管，其伸缩节安装应符合设计要求。

检验方法：对照图纸检查。

3）悬吊式雨水管道的敷设坡度不得小于5‰。埋地雨水管道的最小坡度，应符合表

5-15 的规定。

地下埋设雨水排水管道的最小坡度　　　　　　表 5-15

项　次	管　径/mm	最小坡度（‰）
1	50	20
2	75	15
3	100	8
4	125	6
5	150	5
6	200～400	4

检验方法：水平尺、拉线尺量检查。

（2）一般项目

1）雨水管道不得与生活污水管道相连接。

检验方法：观察检查。

2）雨水斗管的连接应固定在屋面承重结构上。雨水斗边缘与屋面相连处应严密不漏。连接管管径当设计无要求时，不得小于 100mm。

检验方法：观察和尺量检查。

3）悬吊式雨水管道的检查口或带法兰堵口的三通的间距不得大于表 5-16 的规定。

悬吊管检查口间距　　　　　　表 5-16

项　次	悬吊管直径/mm	检查口间距离/m
1	≤150	≤15
2	≥200	≤20

检验方法：拉线、尺量检查。

4）雨水管道安装的允许偏差应符合表 5-14 的规定。

5）雨水钢管管道焊接的焊口允许偏差应符合表 5-17 的规定。

钢管管道焊口允许偏差和检验方法　　　　　　表 5-17

项次	项　目		允许偏差	检验方法
1	坡口平直度	管壁厚10mm以内	管壁厚1/4	焊接检验尺和游标卡尺检查
2	余　高	高　度	+1mm	
		宽　度		
3	咬　边	深　度	<0.5mm	直尺检查
		长度　连续长度	25mm	
		总长度（两侧）	小于焊缝长度的10%	

5.1.2　施工质量监理表格填写范例

一、室内给水系统工程填写范例

1. 工程技术文件报审表

《工程技术文件报审表》填写范例见表 5-18。

编号：×××

工程名称	××工程		日期	20××年××月××日
现报上关于室内给水系统工程技术文件，请予以审定。				
序号	类别	编制人	册数	页数
1	施工组织方案	×××	××	×××
2	施工设计方案	×××	××	×××

编制单位（盖章）

技术负责人（签字）：×××
申报人（签字）：×××
20××年××月××日

审核意见：
报检的工程材料质量证明文件齐全，同意报项目监理部审批。
☑有/□无附页

施工单位（盖章）
施工单位代表（签字）×××
20××年××月××日

审核意见：
1. 物资质量控制资料齐全、有效。
2. 材料检验合格。
审定结论：☑同意 □修改后再报 □重新编制

项目监理机构（盖章）
总监理工程师（签字）：×××
20××年××月××日

2. 施工组织设计或（专项）方案报审表

《施工组织设计或（专项）方案报审表》填写范例见表 B.0.1。

3. 隐蔽工程检查记录

《隐蔽工程检查记录》为通用施工记录，适用于各专业。隐蔽工程检查应符合相关规定与要求，具体如下：

（1）直埋于地下或结构中，暗敷设于沟槽、管井、不进入吊顶内的给水、排水、雨水、采暖、消防管道和相关设备，以及有防水要求的套管。应检查管材、管件、阀门、设备的材质与型号、安装位置、标高、坡度；防水套管的定位及尺寸；管道连接方法及质量；附件使用，支架固定，以及是否已按照设计要求及施工规范的规定完成强度严密性、冲洗等试验。

（2）有绝热、防腐要求的给水、排水、采暖、消防、喷淋管道和相关设备。应检查绝热方式、绝热材料的材质与规格、绝热管道与支吊架之间的防结露措施、防腐处理材料及做法等。

（3）埋地的采暖、热水管道，在保温层和保护层完成以后，所在部位进行回填之前，应进行隐检。检查安装位置、标高、坡度；支架做法；保温层和保护层设置等。

《隐蔽工程检查记录》在填写时应注意：隐检内容依据规程要求填写详实；隐检项目和预检项目在规程上已有不同界定，办理施工记录时应区分把握（即隐检和预检不用重复办理）；工程采用施工总承包管理模式的，签字人员应为施工总承包单位的相关人员；有防水要求的套管，其隐蔽工程检查记录应在施工完成后，及时报监理验收；其他项目的隐蔽工程检查记录一般与检验批验收一同向监理报验，作为其附件。

《隐蔽工程检查记录》填写范例见表 5-19。

隐蔽工程检查记录 　　　　　　　　　　　　　　　　　表 5-19

工程名称：××工程　　　　　　　　　　　　　　　　　　　　编号：×××

隐检项目	室内给水水平管安装	隐检日期	20××年××月××日
隐检部位	地下一层㊱～㊷轴/Ⓒ～Ⓓ轴　轴线—7.000m　　标高		

隐检依据：施工图图号设—1，设计变更/洽商（编号×××/×××）及有关国家现行标准等。
主要材料名称及规格/型号：承插法兰式柔性接口给水铸铁管、DN150

隐检内容：
1. 管材为承插法兰式柔性接口给水铸铁管，管件为厂家配套产品。
2. 管道安装位置位于㊱～㊷轴/Ⓒ～Ⓓ轴，标高—7.000m，坡度为 0.01。
3. 管道连接作法为承插法兰式，质量良好；支架固定，间距 2m。
4. 已按设计要求及施工规范规定完成灌水试验，结果合格。

　　　　　　　　　　　　　　　　　　　　　　申报人（签字）：×××

检查意见：

经查符合设计要求及《建筑给水排水及采暖工程施工质量验收规范》（GB 50242—2002）的规定。

检查结论：
☑同意隐蔽　　　□不同意，修改后进行复查

复查结论：

复查人：　　　　　　　　　　　　　　　　　　　　　　　复查日期：

签字栏	建设（监理）单位	施工单位	××公司	
		专业技术负责人	专业质检员	专业工长
	××监理公司	×××	×××	×××

112

4. 设备单机试运转记录

给水系统设备、热水系统设备、机械排水系统设备、消防系统设备、采暖系统设备、水处理系统设备等应进行单机试运转，并做记录。

设备单机试运转应符合相关规定与要求，具体如下：

（1）水泵试运转的轴承温升必须符合设备说明书的规定。

检验方法：用通电、操作和温度计测温检查。水泵试运转，叶轮与泵壳不应相碰，进、出口部位的阀门应灵活。

（2）锅炉风机试运转，轴承温升应符合：滑动轴承温度最高不得超过 60℃，滚动轴承温度最高不超过 80℃。检验方法可采用温度计检查。轴承径向单振幅应符合：风机转速小于 1000r/min 时，不应超过 0.10mm；风机转速为 1000～1450r/min 时，不应超过 0.08mm。

检验方法：用测振仪表检查。

设备单机试运转时应注意以下事项：

（1）以设计要求和规范规定为依据，适用条目要准确。参考规范包括：《机械设备安装工程施工及验收通用规范》（GB 50231—2009）、《制冷设备、空气分离设备安装工程施工及验收规范》（GB 50274—2010）、《压缩机、风机、泵安装工程施工及验收规范》（GB 50275—2010）等。

（2）根据试运转的实际情况填写实测数据，数据要准确，内容要齐全，不得漏项。设备单机试运转后应逐台填写记录，一台（组）设备填写一张表格。

（3）设备单机试运转是系统试运转调试的基础工作，一般情况下如设备的性能达不到设计要求，系统试运转调试也不会达到要求。

（4）工程采用施工总承包管理模式的，签字人员应为施工总承包单位的相关人员。

《设备单机试运转记录》填写范例见表 5-20。

5. 系统试运转调试记录

采暖系统、水处理系统等应进行系统试运转及调试，并做记录。

系统试运转调试应符合相关规定与要求，具体如下：

（1）室内采暖系统冲洗完毕后应充水、加热，进行试运行和调试。检验方法：观察、测量室温应满足设计要求。

（2）供热管道冲洗完毕后应通水、加热，进行试运行和调试。当不具备加热条件时，应延期进行。检验方法：测量各建筑物热力入口处供回水温度及压力。

系统试运转调试时应注意：以设计要求和规范规定为依据，适用条目要准确；根据试运转调试的实际情况填写实测数据，数据要准确，内容要齐全，不得漏项；工程采用施工总承包管理模式的，签字人员应为施工总承包单位的相关人员；附必要的试运转调试测试表。

《系统试运转调试记录》填写范例见表 5-21。

6. 管道焊接检验记录

《管道焊接检验记录》填写范例见表 5-22。

设备单机试运转记录

表 5-20

编号：×××

工程名称	×× 工程		试运转时间	20××年××月××日
设别部位图号	×××	设备名称 消防水泵	规格型号	×××
试验单位	××公司	设备所在系统 消防系统	额定数据	$N=×××kW$ $L=×××m^3/h$ $H=×××m$

序号	试验项目	试验记录	试验结论
1	试运转时间	2h	正常
2	水泵试运转的轴承温升	符合设备说明书的规定	正常
3	流量	×××	正常
4	扬程	×××	正常
5	功率	×××	正常
6	叶轮与泵壳不应相碰，进、出口部位的阀门应灵活	符合要求	正常

试运转结论

　设备运转正常、稳定、无异常现象发生，测试结果符合设计要求及《建筑给水排水及采暖工程施工质量验收规范》（GB 50242—2002）规定，同意进行下道工序。

签字栏	建设（监理）单位	施工单位	××公司	
		专业技术负责人	专业质检员	专业工长
	×××	×××	×××	×××

系统试运转调试记录

表 5-21

编号：×××

工程名称	×× 工程	试运转调试时间	20××年××月××日
试运转调试项目	低区采暖系统	试运转调试部位	地下一层至八层

试运转、调试内容：

　低区室内采暖系统冲洗完毕后冲水、加热，进行试运行和调试，通过观察、测量室温满足设计要求。

试运转、调试结论：

　低区采暖系统试运转调试符合设计要求及《建筑给水排水及采暖工程施工质量验收规范》（GB 50242—2002）的规定，同意进行下一道工序。

建设单位	监理单位	施工单位
×××	×××	×××

编号：×××

工程名称	××工程	检查项目	管道焊接
检查部位	地上一层	检查日期	20××年××月××日

检查依据：

《建筑给水排水及采暖工程施工质量验收规范》（GB 50242—2002）。

检查内容：

1. 焊缝外形尺寸。
2. 焊缝高度。
3. 焊缝与母材的过渡。
4. 焊缝及热影响区表面。

	专业工长	×××	班组长	×××
施工单位检查结论	焊缝外形尺寸符合图纸和工艺文件的规定，焊缝高度不低于母材表面，与母材过渡圆滑。 焊缝及热影响区表面无裂纹、未熔合、未焊透、夹渣、弧坑和气孔等缺陷。 项目专业质检员：×××　　专业技术负责人：×××　　20××年××月××日			
监理（单位）意见	同意施工单位检查结论，验收合格。 专业监理工程师：××× （建设单位项目专业技术负责人）　　20××年××月××日			

7. 强度严密性试验记录

室内外输送各种介质的承压管道、设备在安装完毕后，进行隐蔽之前，应进行强度严密性试验，并做记录。

进行强度严密性试验应符合相关规定与要求，具体如下：

（1）室内给水管道的水压试验必须符合设计要求。当设计无要求时，各种材质的给水管道系统试验压力均为工作压力的 1.5 倍，但不得小于 0.6MPa。

检验方法：金属及复合管给水管道系统在试验压力下观测 10min，压力降不应大于 0.02MPa，然后降至工作压力进行检查，应不渗不漏；塑料管给水系统应在试验压力下稳

115

压 1h，压力降不得超过 0.05MPa，然后在工作压力的 1.15 倍状态下稳压 2h，压力降不得超过 0.03MPa，同时检查各连接处不得渗漏。

（2）热水供应系统安装完毕，管道保温之前应进行水压试验。试验压力应符合设计要求。当设计无要求时，热水供应系统水压试验压力应为系统顶点的工作压力加 0.1MPa，同时在系统顶点的试验压力应不小于 0.3MPa。

检验方法：钢管或复合管道系统在试验压力下 10min 内压力降应不大于 0.02MPa，然后降至工作压力检查，压力应不降，且不渗不漏；塑料管道系统在试验压力下稳压 1h，压力降不得超过 0.05MPa，然后在工作压力 1.15 倍状态下稳压 2h，压力降不得超过 0.03MPa，连接处不得渗漏。

（3）热交换器应以工作压力的 1.5 倍进行水压试验。蒸汽部分应不低于蒸汽供汽压力加 0.3MPa；热水部分应不低于 0.4MPa。

检验方法：在试验压力下 10min 内压力不降，不渗不漏。

（4）低温热水地板辐射采暖系统安装，盘管隐蔽前必须进行水压试验，试验压力为工作压力的 1.5 倍，但不得小于 0.6MPa。

检验方法：稳压 1h 内压力降不得大于 0.05MPa 且不渗不漏。

（5）采暖系统安装完毕，管道保温之前应进行水压试验。试验压力应符合设计要求。当设计无要求时，应符合下列规定：蒸汽、热水采暖系统，应以系统顶点工作压力加 0.1MPa 进行水压试验，同时在系统顶点的试验压力不得小于 0.3MPa；高温热水采暖系统，试验压力应为系统顶点工作压力加 0.4MPa；使用塑料管及复合管的热水采暖系统，应以系统顶点工作压力加 0.2MPa 进行水压试验，同时在系统顶点的试验压力不得小于 0.4MPa。

检验方法：使用钢管及复合管的采暖系统应在试验压力下 10min 内压力降不大于 0.02MPa，降至工作压力后检查，不渗、不漏；使用塑料管的采暖系统应在试验压力下 1h 内压力降不大于 0.05MPa，然后降压至工作压力的 1.15 倍，稳压 2h，压力降不大于 0.03MPa，同时各连接处不渗、不漏。

（6）室外给水管网必须进行水压试验，试验压力为工作压力的 1.5 倍，但不得小于 0.6MPa。

检验方法：管材为钢管、铸铁管时，在试验压力下 10min 内压力降不应大于 0.05MPa，然后降至工作压力进行检查，压力应保持不变，不渗不漏；管材为塑料管时，在试验压力下稳压 1h，压力降不大于 0.05MPa，然后降至工作压力进行检查，压力应保持不变，不渗不漏。

（7）消防水泵接合器及室外消火栓安装系统必须进行水压试验，试验压力为工作压力的 1.5 倍，但不得小于 0.6MPa。

检验方法：试验压力下，10min 内压力降不大于 0.05MPa，然后降至工作压力进行检查，压力保持不变，不渗不漏。

（8）锅炉的汽、水系统安装完毕后，必须进行水压试验。水压试验的压力应符合规范规定。

检验方法：在试验压力下 10min 内压力降不超过 0.02MPa；然后降至工作压力进行检查，压力不降，不渗、不漏；观察检查，不得有残余变形，受压元件金属壁和焊缝上不得有水珠和水雾。

(9) 锅炉分汽缸（分水器、集水器）安装前应进行水压试验，试验压力为工作压力的1.5倍，但不得小于0.6MPa。

检验方法：在试验压力下10min内无压降、无渗漏。

(10) 锅炉地下直埋油罐在埋地前应进行气密性试验，试验压力降不应小于0.03MPa。

检验方法：在试验压力下观察30min，不渗、不漏，无压降。

(11) 连接锅炉及辅助设备的工艺管道安装完毕后，必须进行系统的水压试验，试验压力为系统中最大工作压力的1.5倍。

检验方法：在试验压力10min内压力降不超过0.05MPa，然后降至工作压力进行检查，不渗不漏。

(12) 自动喷水灭火系统，当系统设计工作压力小于等于1.0MPa时，水压强度试验压力应为设计工作压力的1.5倍，并不应低于1.4MPa；当系统设计工作压力大于1.0MPa时，水压强度试验压力应为该工作压力加0.4MPa。水压强度试验的测试点应设在系统管网的最低点。对管网注水时，应排尽管网内空气，然后缓慢升压，达到试验压力后，稳压30min，目测管网应无渗漏和无变形，且压力下降不应大于0.05MPa。

(13) 自动喷水灭火系统的水压严密度试验应在水压强度试验和管网冲洗合格后进行。试验压力应为设计工作压力，稳压24h，应无渗漏。

(14) 自动喷水灭火系统的气压严密性试验的试验压力应为0.28MPa，且稳压24h，压力下降不应大于0.01MPa。

进行强度严密性试验时应注意以下事项：

(1) 以设计要求和规范规定为依据，适用条目要准确。

(2) 单项试验和系统性试验，其强度和严密度试验要求有所不同，试验和验收时要特别留意；系统性试验、严密度试验的前提条件应充分满足，如自动喷水灭火系统的水压严密度试验应在水压强度试验和管网冲洗合格后方可进行；而常见做法是先根据区段验收或隐检项目验收要求完成单项试验，系统形成后再进行系统性试验，然后根据系统特殊要求进行严密度试验。

(3) 根据试验的实际情况填写实测数据，数据要准确，内容要齐全，不得漏项。

(4) 工程采用施工总承包管理模式的，签字人员应为施工总承包单位的相关人员。

《强度严密性试验记录》由施工单位填写，建设单位、施工单位、城建档案馆各保存一份，其填写范例见表5-23。

8. 通水试验记录

室内外给水（冷、热）、中水及游泳池水系统、卫生洁具、地漏和地面清扫口及室内外排水系统应分系统（区、段）进行通水试验，并做记录。

通水试验应符合相关规定与要求，具体如下：

(1) 给水系统交付使用前必须进行通水试验并做好记录。

检验方法：观察和开启阀门、水嘴等放水。

(2) 卫生器具交工前应进行满水和通水试验。

检验方法：满水后各连接件不渗不漏；通水试验给、排水畅通。

工程名称	××工程	检查项目	管道焊接
试验项目	给水系统试压	试验部位	地下一层
材质	镀锌衬塑钢管	规格	DN70～DN80

试验要求：

　　室内给水管道的水压试验必须符合设计要求。当设计无要求时，各种材质的给水管道系统试验压力均为工作压力的 1.5 倍，但不得小于 0.6MPa。

　　检验方法：金属及复合管给水管道系统在试验压力下观测 10min，压力降不应大于 0.02MPa，然后降至工作压力进行检查，应不渗不漏。

试验记录：

　　给水系统工作压力为 0.8MPa，试验压力为 1.2MPa，在试验压力下观测 10min，压力降至 1.19MPa（压力降 0.01MPa），然后降至工作压力进行检查，管道及接口不渗不漏。

试验结论：

　　试验结果符合设计要求及《建筑给水排水及采暖工程施工质量验收规范》（GB 50242—2002）的规定，同意进行下一道工序。

签字栏	建设（监理）单位	施工单位	××公司	
		专业技术负责人	专业质检员	专业工长
	×××	×××	×××	×××

　　进行通水试验时应注意：以设计要求和规范规定为依据，适用条目要准确；根据试验的实际情况填写实测数据，数据要准确，内容要齐全，不得漏项；通水试验为系统试验，一般在系统完成后统一进行；工程采用施工总承包管理模式的，签字人员应为施工总承包单位的相关人员。

《通水实验记录》应由施工单位填写并保存，其填写范例见表5-24。

通水试验记录

表 5-24

编号：×××

工程名称	××工程	试验日期	20××年××月××日
试验项目	卫生器具满水、通水试验	试验部位	地上一层
通水压力	0.18MPa	通水流量	$4.6m^3/h$

试验系统简述：

　　卫生器具交工前应进行满水和通水试验。试验项目为地上一层所有卫生器具，包括厨房用盆，卫生间洗面盆、浴盆、坐便器等。

试验记录：

　　供水方式：正式水源
　　通水情况：洗面盆、浴盆逐个进行满水试验。充水量超过器具溢水口，溢流畅通，满水后备连接件不渗不漏；通水试验各器具给、排水畅通。

试验结论：

　　试验结果符合设计要求及《建筑给水排水及采暖工程施工质量验收规范》（GB 50242—2002）的规定，同意进行下一道工序。

签字栏	建设（监理）单位	施工单位	××公司	
		专业技术负责人	专业质检员	专业工长
	×××	×××	×××	×××

注：表中通水流量（m^3/h）按卫生器具供水管径核算获得。

9. 水流指示器功能试验记录

《水流指示器功能试验记录》填写范例见表5-25。

水流指示器功能试验记录

表 5-25

编号：×××

工程名称	××工程	检查日期	20××年××月××日
分包单位	××消防公司	规格型号	ZSJZ100
设计流量	15L/s	设计压力	0.8Mpa
试验流量	15.0～37.5L/min	试验压力	0.14～1.2MPa

试验要求：

在 0.14～1.2MPa 试验压力范围内，在 15.0～37.5L/min 的流量之间任意值报警，至 37.5L/min 时，必须报警。水流指示器的桨片和膜片应动作灵活，不应与管壁发生碰擦。耐压试验，要求在试验压力下，水流指示不得破裂和渗漏，不得出现永久变形或损坏现象。

试验情况：

将水流指示器安装在专用试验装置上并固定。由试压泵通水加压，对水流指示器进行功能试验。当压力升至 0.17MPa 时，将末端试验阀缓慢开启，并观察流量表指数，当流量达 0.40L/s 时，水流指示器动作开始报警；停止放水，继续加压，当压力升至 0.8MPa 时，在试验阀处放水，观察流量表。当流量达 0.41L/s 时，水流指示器报警；再停止放水，继续加压，当压力升到 1.2MPa 时，由试验阀处缓慢放水，并观察流量表，当流量达 0.39L/s 时，水流指示器报警。观察流量指示器没有破裂及渗漏现象，也没有永久损坏现象。

结论	水流指示器功能试验，满足设计要求和《自动喷水灭火系统施工及验收规范》（GB 50261—2005）的规定。<div align="right">20××年××月××日</div>

参加签字人员	建设单位	监理单位	施工单位			
			技术负责人	质检员	检测人员	资料员
	×××	×××	×××	×××	×××	×××

10. 吹（冲）洗（脱脂）试验记录

室内外给水（冷、热）、中水及游泳池水系统、采暖、空调、消防管道及设计有要求的管道应在使用前进行冲洗试验；介质为气体的管道系统应按有关设计要求及规范规定进行吹洗试验。设计有要求时还应进行脱脂处理。

吹（冲）洗（脱脂）试验应符合相关规定与要求，具体如下：

（1）生活给水系统管道在交付使用前必须进行冲洗和消毒，并经有关部门取样检验，符合国家《生活饮用水标准》（GB/T 5750.1～13—2006）后方可使用。

检验方法：检查有关部门提供的检测报告。

（2）热水供应系统竣工后必须进行冲洗。

检验方法：现场观察检查。

（3）采暖系统试压合格后，应对系统进行冲洗并清扫过滤器和除污器。

检验方法：现场观察，直至排出水不含泥沙、铁屑等杂质，且水色不浑浊为合格。

（4）消防水泵接合器及室外消火栓安装系统消防管道在竣工前，必须对管道进行冲洗。

检验方法：观察冲洗出水的浊度。

（5）供热管道经试压合格后，应进行冲洗。

检验方法：现场观察，以水色不浑浊为合格。

（6）自动喷水灭火系统管网冲洗的水流流速、流量不应小于系统设计的水流流速、流量；管网冲洗宜分区、分段进行；水平管网冲洗时其排水管位置应低于配水支管。管网冲洗应连续进行，当出水口处水的颜色、透明度与入水口处基本一致时为合格。

进行吹（冲）洗（脱脂）试验时应注意：以设计要求和规范规定为依据，适用条目要准确；根据试验的实际情况填写实测数据，数据要准确，内容要齐全，不得漏项；吹（冲）洗（脱脂）试验为系统试验，一般在系统完成后统一进行；工程采用施工总承包管理模式的，签字人员应为施工总承包单位的相关人员。

《吹（冲）洗（脱脂）试验记录》应由施工单位填写并保存，其填写范例见表5-26。

吹（冲）洗（脱脂）试验记录

表 5-26

编号：×××

工程名称	××工程	实验日期	20××年××月××日
试验项目	低区采暖系统冲洗	试验部位	低区 1~8 层采暖系统
试验介质	水	试验方式	通水冲洗

试验记录：

    采暖系统试压合格后，应对系统进行冲洗并清扫过滤器及除污器。从早上 9 时开始进行冲洗，以设置于地下室的供水管口为冲洗起点，压力值为 1.0MPa，采暖回水管为泄水点进行冲洗，至下午 6 时，排出水不含泥沙、铁屑等杂质，且水色不浑浊，停止冲洗，并清扫过滤器及除污器。

试验结论：

    试验结果符合设计要求及《建筑给水排水及采暖工程施工质量验收规范》（GB 50242—2002）的规定，同意进行下一道工序。

签字栏	建设（监理）单位	施工单位	××公司	
		专业技术负责人	专业质检员	专业工长
	×××	×××	×××	×××

11. 室内生活给水管道消毒试验记录

《室内生活给水管道消毒试验记录》填写范例见表5-27。

工程名称	××工程	施工单位	××工程有限公司
监理单位	××建设监理有限公司	消毒部位	1～5层生活给水管道
消毒剂名称	漂白粉	消毒日期	20××年××月××日

试验要求：

　　按含氯为 20～30mg/L 的浓度向水中加入漂白粉，充满管道浸泡 24h 以上，然后放水再用饮用水冲洗。

试验记录：

　　利用适配器，按 20～30mg/L 含氯量加漂白粉配制溶液，然后用加压泵向室内生活给水管冲注该溶液，从上午 9：10开始，至 10：50 止，通地排气，管道充满水，入口处压力为 0.46MPa，停止注水，至次日 10：50 浸泡近 26h，将消毒液泄净，用饮用水冲洗一遍。

结论	给水系统消毒符合设计要求和《建筑给水排水及采暖工程施工质量验收规范》（GB 50242—2002）的规定。 20××年××月××日

参加签字人员	建设单位	监理单位	施工单位			
			技术负责人	质检员	检测人员	资料员
	×××	×××	×××	×××	×××	×××

12. 消防、燃气管道压力试验记录

《消防、燃气管道压力试验记录》填写范例见表5-28。

编号：×××

单位工程名称	××综合楼		分项工程名称		室内消火栓系统安装
试验人	×××	试验时间	起始时间	20××年××月××日××时	
			终止时间	20××年××月××日××时	
系统名称	测试部位	设计压力/MPa	实际压力/MPa		备注
消防系统	消防泵	××	××		
施工单位 检查结论	试验人员	×××	试验时间	20××年××月××日	
	符合《建筑给水排水及采暖工程施工质量验收规范》（GB 50242—2002）的规定。 项目专业质检员：×××　　专业技术负责人：×××　　20××年××月××日				
监理（建设） 单位验收意见	同意验收 专业监理工程师：××× （建设单位项目专业技术负责人）　　　　　　20××年××月××日				

13. 消火栓试射记录

室内消火栓系统在安装完成后，应取屋顶层（或水箱间内）试验消火栓和在首层取两处消火栓进行试射试验，并做记录，达到设计要求为合格。检验方法：实地试射检查。

进行消火栓试射试验时应注意：以设计要求和规范规定为依据，适用条目要准确；试验前应对消火栓组件、栓口安装（含减压稳压装置）等进行系统检查；根据试验的实际情况填写实测数据（测试栓口动压、静压应填写实测数值要符合消防检测要求，不能超压或压力不足），数据要准确，内容要齐全，不得漏项；消火栓试射为系统试验，一般在系统完成、消防水泵试运行合格后进行；工程采用施工总承包管理模式的，签字人员应为施工总承包单位的相关人员。

《消火栓试射记录》应由施工单位填写，建设单位、施工单位、城建档案馆各保存一份，其填写范例见表 5-29。

消火栓试射记录

表 5-29

编号：×××

工程名称		××工程	试射日期		20××年××月××日
试射消火栓位置		屋顶层、首层	启泵按钮		☑合格□不合格
消火栓组件	☑合格 □ 不合格		栓□安装		☑合格□不合格
栓口水枪型号	☑合格 □ 不合格		卷盘间距、组件		☑合格□不合格
栓口静压/MPa		×××	栓口动压/MPa		×××

试验要求：

　　室内消火栓系统安装完成后应取屋顶层（或水箱间内）试验消火栓和在首层取两处消火栓进行试射试验，达到设计要求为合格。检验方法：实地试射检查。

试验情况记录：

　　取屋顶层（或水箱间内）试验消火栓和在首层取两处进行试射试验。检验方法为实地试射检查，消火栓组件栓口安装完备，启泵按钮，试射时栓口静压、栓口动压符合有关要求。

试验结论：

　　试验结果符合设计要求及《建筑给水排水及采暖工程施工质量验收规范》（GB 50242—2002）的规定，同意进行下一道工序。

签字栏	建设（监理）单位	施工单位	××公司	
		专业技术负责人	专业质检员	专业工长
	×××	×××	×××	×××

14. 分项工程质量验收记录

　　《室内给水管道及配件安装分项工程质量验收记录》填写范例见表 5-30。

124

室内给水管道及配件安装分项工程质量验收记录

表 5-30

单位（子单位）工程名称		××工程	结构类型	框架剪力墙
分部（子分部）工程名称		室内给水系统	检验批数	××
施工单位		××建筑工程有限公司	项目经理	×××
分包单位		××机电工程有限公司	分包项目经理	×××

序号	检验批名称及部位、区段	施工单位检查 评定结果	监理（建设）单位 验收结论
1	地下一层给水导管（管道编号：×× ××）	√	
2	一层给水导管（管道编号：×× ××）	√	
3	二层给水导管（管道编号：×× ××）	√	
4	三层给水导管（管道编号：×× ××）	√	
5	四层给水导管（管道编号：×× ××）	√	
6	五～八层给水导管（管道编号：×× ××）	√	
7	九～十一层给水导管（管道编号：×× ××）	√	验收合格
8	十二～十五层给水导管（管道编号：×× ××）	√	
9	十六层、屋顶层给水导管（管道编号：×× ××）	√	

说明：

检查 结论	符合设计要求和施工质量验收规定，检验评定结果合格。 项目专业技术负责人：××× 　　　　　　20××年××月××日	验收 结论	同意施工单位检查结论，验收合格。 监理工程师：××× （建设单位项目专业技术负责人） 　　　　　　20××年××月××日

15. 分项/分部工程施工报验表

《分项/分部工程施工报验表》填写范例见表5-31。

分项/分部工程施工报验表　　　　　　　　　　　　表 5-31

工程名称	××工程	日期	20××年××月××日

现我方已完成__／__层__／__（轴线或房间）__／__（高程）__／__（部位）的室内给水管道及配件安装工程，经我方检验符合设计、规范要求，请予以验收。

附件：名称　　　　　　　　　　　　　页数　　　编号

1.□质量控制资料汇总表　　　　　　　____页　　　____
2.□隐蔽工程检查记录　　　　　　　　____页　　　____
3.□预检记录　　　　　　　　　　　　____页　　　____
4.□施工记录　　　　　　　　　　　　____页　　　____
5.□施工试验记录　　　　　　　　　　____页　　　____
6.□分项工程质量检验评定记录　　　　____页　　　____
7.☑分部工程质量检验评定记录　　　　____页　　　×××
8.□_____　　　　____页　　　____
9.□_____　　　　____页　　　____
10.□_____　　　____页　　　____

质量检查员（签字）：×××
施工单位名称：××建设工程有限公司　　　　　　　　技术负责人（签字）：×××

审查意见：

1. 所报附件材料真实、齐全、有效。
2. 所报分项工程实体工程质量符合工程质量要求、符合规范和设计要求。

审查结论：☑合格　　□不合格
监理单位名称：××建设监理有限公司（总）监理工程师（签字）：×××　审查日期：20××年××月××日

注：分项、分部工程不合格，应填写《不合格项处置记录》，分部工程应由总监理工程师签字。

16. 监理抽查记录

《监理抽查记录》填写范例见表5-32。

监理抽查记录

表 5-32

编号：×××

工程名称	室内给水系统	抽查日期	20××年××月××日

检查项目：室内自动喷水灭火系统安装

检查部位：地下一层自动喷水灭火系统

检查数量：

被委托单位：

检查结果：　□合格　　☑不合格

处置意见：

（1）对充气系统的坡度不小于 0.002。

（2）对冲水管路可采用螺纹连接或焊接，但对充气系统管道只准焊接，不得采用其他连接方法。

监理工程师（签字）：×××　　日期：20××年××月××日

监理单位名称：××监理公司　　总监理工程师（签字）：×××　　日期：20××年××月××日

注：如不合格应填写《不合格处置记录》

127

17. 不合格处置记录

监理工程师在隐蔽工程验收和检验批验收中，针对不合格的工程应填写《不合格项处置记录》，该表由下达方填写，整改方填报整改结果。该表也适用于监理单位对项目监理部的考核工作。

《不合格处置记录》填写范例见表5-33。

不合格处置记录

表5-33

编号：×××

不合格项发生部位与原因： 　致：××建筑工程公司（施工单位） 　由于以下情况的发生，使你单位在<u>自动喷洒消防设安装时</u>发生严重 ☑/一般□ 不合格项，请及时采取措施予以整改。 　具体情况： 　充气系统管道连接方式采用不当。 　　　　　　　□自行整改　　☑整改后报我方验收 　签发单位名称<u>××监理公司</u>　签发人（签字）<u>×××</u>　　　　　　日期<u>20××年××月××日</u>
不合格项改正措施： 　对充气系统的坡度不小于0.002，充气系统管道只准焊接。 　　　　　　　　　　　　　　　　　　整改限期<u>20××年××月××日</u>前完成 　　　　　　　　　　　　　　　　　　整改责任人（签字）<u>×××</u> 　　　　　　　　　　　　　　　　　　单位负责人（签字）<u>×××</u>
不合格项整改结果： 　致：<u>××监理公司</u>（签发单位） 　根据你方指示，我方已完成整改，请予以验收。 　　　　　　　　　　　　　　　　　　单位负责人（签字）：<u>×××</u> 　　　　　　　　　　　　　　　　　　日期：<u>20××年××月××日</u>
整改结论： 　同意验收。 　　　　　　　　　　　　　　　　　　验收单位名称<u>××监理公司</u> 　　　　　　　　　　　　　　　　　　验收人（签字）<u>×××</u> 　　　　　　　　　　　　　　　　　　日期：<u>20××年××月××日</u>

18. 旁站记录

凡旁站监理人员和承包单位现场质检人员未在旁站记录上签字的，不得进行下一道工序的施工。凡关键部位、关键工序未实施旁站或没有旁站记录的，专业监理工程师或总监理工程师不得在相应文件上签字。旁站记录在工程竣工验收后，由监理单位归档备查。对旁站时发现的问题可先口头通知承包单位改正，然后应及时签发《监理通知单》。

《旁站记录》填写范例见表 5-34。

旁站记录　　　　　　　　　　　　　　　表 5-34

工程名称：××工程　　　　　　　　　　　　　　　编号：×××

旁站的关键部位、关键工序	低区冷水导管安装	施工单位	××建筑工程公司
旁站开始时间	20××年××月××日 10 时	旁站结束时间	20××年××月××日 15 时
旁站的关键部位、关键工序施工情况： 　导管安装在地下一层⑨～⑬轴交ⓖ～ⓜ轴顶板下。管道位置合理，标高为－0.80m，进户管道标高为－1.90m，坡度为 2%。			
发现的问题及处理情况： 　1. 管道使用 φ10 圆钢吊架不稳定，吊架间距过大。 　2. 建议在混凝土表面覆盖塑料布进行养护。 　　　　　　　　　　　　　　　　　　旁站监理人员（签字）××× 　　　　　　　　　　　　　　　　　　20××年××月××日			

二、室内排水系统工程

1. 灌（满）水试验记录

非承压管道系统和设备（包括开式水箱、卫生洁具、安装在室内的雨水管道等）在安装完毕后，以及暗装、埋地、有绝热层的室内外排水管道进行隐蔽前，应进行灌（满）水试验，并做记录。

灌（满）水试验应符合相关规定与要求，具体如下：

（1）敞口箱、罐安装前应进行满水试验；密闭箱、罐应以工作压力的 1.5 倍进行水压试验，但不得小于 0.4MPa。

检验方法：满水试验满水后静置 24h 不渗不漏；水压试验在试验压力下 10min 内无压降，不渗不漏。

（2）隐蔽或埋地的排水管道在隐蔽前必须进行灌水试验，其灌水高度应不低于底层卫生器具的上边缘或底层地面高度。

检验方法：满水 15min 水面下降后，再灌满观察 5min，液面不降，管道及接口无渗漏为合格。

（3）安装在室内的雨水管道安装后应进行灌水试验，灌水高度必须达到每根立管上部的雨水斗。

检验方法：灌水试验持续 1h，不渗不漏。

（4）室外排水管网安装管道埋设前必须进行灌水试验和通水试验，排水应畅通、无堵塞，管接口无渗漏。

检验方法：按排水检查并分段试验，试验水头应以试验段上游管顶加 1m，时间不少于 30min，逐段观察。

进行灌（满）水试验时应注意：以设计要求和规范规定为依据，适用条目要准确；根据试运转调试的实际情况填写实测数据，数据要准确，内容要齐全，不得漏项；工程采用施工总承包管理模式的，签字人员应为施工总承包单位的相关人员。

《灌（满）水试验记录》应由施工单位填写并保存，其填写范例见表 5-35。

灌（满）水试验记录

表 5-35

编号：×××

工程名称	××工程	日期	20××年××月××日
试验项目	室内排水管道灌水	试验部位	地下室
材质	铸铁管	规格	DN150

试验要求：
排水管道在隐蔽前必须进行潜水试验，其灌水高度应不低于底层卫生器具的上边缘或底层地面高度。 　　检验方法：满水 15min 水面下降后，再灌满观察 5min，液面不降，管道及接口无渗漏为合格。

试验记录：
将试验管段敞口用盲板封闭，从上层地面地漏处灌水，满水 20min 液面不下降，经检查管道及接口不渗不漏。

试验结论：
试验结果符合设计要求及《建筑给水排水及采暖工程施工质量验收规范》（GB 50242—2002）的规定，同意进行下一道工序。

签字栏	建设（监理）单位	施工单位	××建筑工程公司	
		专业技术负责人	专业质检员	专业工长
	××监理公司	×××	×××	×××

130

2. 通球试验记录

室内排水水平干管、主立管应按有关规定进行通球试验，并做记录。通球球径应不小于排水管道管径的 2/3，通球率必须达到 100%。检查方法：通球检查。

进行通球试验时应注意：以设计要求和规范规定为依据，适用条目要准确；根据试验的实际情况填写实测数据，数据要准确，内容要齐全，不得漏项；工程采用施工总承包管理模式的，签字人员应为施工总承包单位的相关人员；通球试验用球宜为硬质空心塑料球，投入时做好标记，以便与排出的试验球进行核对。

《通球试验记录》由施工单位填写，建设单位、施工单位各保存一份，其填写范例见表 5-36。

通球试验记录

表 5-36
编号：×××

工程名称	××工程	日期	20××年××月××日
试验项目	室内排水主立管、水平干管	试验部位	地上 23 层（顶层）至地下一层主立管及水平干管
管径/mm	DN150	球径/mm	DN100
试验要求： 排水主立管及水平干管管道均应进行通球试验，通球球径不小于排水管道管径的 2/3，球率必须达到 100%。			
试验记录： 试验采用硬质空心塑料球，试验时分别在地上 23 层（顶层）主立管顶部投球，通水后在地下一层水平干管向室外第一个排水结合并处截取试验球，试验管道通畅无阻。			
试验结论： 试验结果符合设计要求及《建筑给水排水及采暖工程施工质量验收规范》（GB 50242—2002）的规定，同意进行下一道工序。			

签字栏	建设（监理）单位	施工单位	××建筑工程公司	
		专业技术负责人	专业质检员	专业工长
	××监理公司	×××	×××	×××

5.1.3 质量验收填写范例

一、室内给水管道及配件安装工程检验批质量验收记录表（表5-37）。

室内给水管道及配件安装工程检验批质量验收记录表　　　　表5-37

编号：×××

单位（子单位）工程名称				×× 工程										
分部（子分部）工程名称				室内给水系统						验收部位			首层	
施工单位				××建筑工程公司						项目经理			×××	
分包单位										分包项目经理				
施工执行标准名称及编号				建筑给水排水及采暖工程施工质量验收规范（GB 50242—2002）										
		施工质量验收规范规定				施工单位检查评定记录							监理（建设）单位验收记录	
主控项目	1	给水管道　水压试验		设计要求		水压试验记录1份							符合设计及施工质量验收规范要求，同意验收	
	2	给水系统　通水试验		第4.2.2条		通水试验记录1份								
	3	生活给水系统管　冲洗和消毒		第4.2.3条		√								
	4	直埋金属给水管道　防腐		第4.2.4条		√								
一般项目	1	给水排水管铺设的平行、垂直净距		第4.2.5条		√							符合设计及施工质量验收规范要求，同意验收	
	2	金属给水管道及管件焊接		第4.2.6条		√								
	3	给水水平管道　坡度坡向		第4.2.7条		√								
	4	管道支、吊架		第4.2.9条		√								
	5	水表安装		第4.2.10条		√								
	6	水平管道纵、横方向弯曲允许偏差	钢管	每米	1mm	1	0	0	1	0	0	0	1	1	1
				全长25m以上	≯25mm										
			塑料管复合管	每米	1.5mm										
				全长25m以上	≯25mm										
			铸铁管	每米	2mm										
				全长25m以上	≯25mm										
		立管垂直度允许偏差	钢管	每米	3mm	1	3	3	1	2	1	1	2	2	1
				5m以上	≯8mm										
			塑料管复合管	每米	2mm										
				5m以上	≯8mm										
			铸铁管	每米	3mm										
				5m以上	≯10mm										
		成排管段和成排阀门在同一平面上的间距			3mm	3	2	2	1	1	3	2	1	1	3
施工单位检查评定结果		专业工长（施工员）		×××				施工班组长				×××		
		主控项目、一般项目全部合格，符合设计及施工质量验收规范要求													
		项目专业质量检查员：×××							200×年××月××日					
监理（建设）单位验收结论		同意验收　专业监理工程师：××× （建设单位项目专业技术负责人）												
										200×年××月××日				

二、室内消火栓安装工程检验批质量验收记录表（表5-38）。

室内消火栓安装工程检验批质量验收记录表　　　　　　　　　表5-38

编号：×××

单位（子单位）工程名称		××工程												
分部（子分部）工程名称		室内给水系统								验收部位		屋顶层		
施工单位		××建筑工程公司								项目经理		×××		
分包单位										分包项目经理				
施工执行标准名称及编号		建筑给水排水及采暖工程施工质量验收规范（GB 50242—2002）												

		施工质量验收规范规定		施工单位检查评定记录										监理（建设）单位验收记录	
主控项目	1	室内消火栓试射试验	设计要求	取屋顶层作消火栓试射记录栓口出水压力 0.6MPa										符合设计及施工质量验收规范要求，同意验收	
一般项目	1	室内消火栓水龙带在箱内安放	第4.3.2条	✓											
		栓口朝外，并不应安装在门轴侧		✓										符合设计及施工质量验收规范要求，同意验收	
		栓口中心距地面1.1m允许偏差	±20mm	+10	−9	+8	−7	+12	+18	−11	+15	+16	−17		
	2	阀门中心距箱侧面允许偏差140mm 距箱后内表面100mm 允许偏差	±5	+2	+3	+5	−4	+3	−4	+3	+5	+2	−1		
		消火栓箱体安装的垂直度允许偏差	3	3	2	3	3	2	1	0	0	1	0		

施工单位检查评定结果	专业工长（施工员）	×××	施工班组长	×××
	主控项目、一般项目全部合格，符合设计及施工质量验收规范要求			
	项目专业质量检查员：×××		200×年××月××日	

监理（建设）单位验收结论	同意验收
	专业监理工程师：××× （建设单位项目专业技术负责人）　　　　　　　　　200×年××月××日

三、给水设备安装工程检验批质量验收记录表（表5-39）。

给水设备安装工程检验批质量验收记录表　　　　　　　　　　表5-39

编号：×××

单位（子单位）工程名称	××工程		
分部（子分部）工程名称	室内给水系统	验收部位	首层
施工单位	××建筑工程公司	项目经理	×××
分包单位		分包项目经理	
施工执行标准名称及编号	建筑给水排水及采暖工程施工质量验收规范（GB 50242—2002）		

施工质量验收规范规定				施工单位检查评定记录											监理（建设）单位验收记录
主控项目	1	水泵基础	设计要求	✓											符合设计及施工质量验收规范要求，同意验收
	2	水泵试运转的轴承温升	设计要求	✓											
	3	敞口水箱满水试验和密闭水箱（罐）水压试验	第4.4.3条	✓											
一般项目	1	水箱支架或底座安装	第4.4.4条	✓											符合设计及施工质量验收规范要求，同意验收
	2	水箱溢流管和泄放管安装	第4.4.5条	✓											
	3	立式水泵减振装置	第4.4.6条	✓											
	4 安装允许偏差	静置设备 坐标	15mm	5	6	5	5	10	5	7	8	5	3		
		静置设备 标高	±5mm	+2	+2	+3	−1	+2	+2	−2	−5	+1	−5		
		静置设备 垂直度（每米）	5mm	3	2	5	2	3	1	1	2	3	2		
		离心式水泵 立式垂直度（每米）	0.1mm												
		离心式水泵 卧式水平度（每米）	0.1mm	0.1	0.1	0	0	0	0	0	0.1	0	0		
		联轴器同心度 轴向倾斜（每米）	0.8mm												
		联轴器同心度 径向移位	0.1mm												
	5 保温层允许偏差(mm)	允许偏差 厚度δ	$+0.1\delta$ -0.05δ	+2	+3	−1	−1	+5	+2	+2	−1	−2	+5		
		表面平整度 卷材	5	2	2	1	1	3	2	3	2	1	5		
		表面平整度 涂料	10												

施工单位检查评定结果	专业工长（施工员）	×××	施工班组长	×××
	主控项目、一般项目全部合格，符合设计及施工质量验收规范要求			
	项目专业质量检查员：×××　　　　　　　　　200×年××月××日			

监理（建设）单位验收结论	同意验收 专业监理工程师：××× （建设单位项目专业技术负责人）　　　　　　200×年××月××日

四、室内排水管道及配件安装工程检验批质量验收记录表（表5-40）。

室内排水管道及配件安装工程检验批质量验收记录表　　　　　表5-40

编号：×××

单位（子单位）工程名称			×× 工程										
分部（子分部）工程名称			室内排水系统						验收部位		二层		
施工单位			××建筑工程公司						项目经理		×××		
分包单位									分包项目经理				
施工执行标准名称及编号			建筑给水排水及采暖工程施工质量验收规范（GB 50242—2002）										

		施工质量验收规范规定			施工单位检查评定记录										监理(建设)单位验收记录
主控项目	1	排水管道　灌水试验	第5.2.1条		√										符合设计及施工质量验收规范要求,同意验收
	2	生活污水铸铁管，塑料管坡度	第5.2.2条、5.2.3条		√										
	3	排水塑料管安装伸缩节	第5.2.4条												
	4	排水立管及水平干管通球试验	第5.2.5条		√										
一般项目	1	生活污水管道上设检查口和清扫口	第5.2.6条、5.2.7条		√										符合设计及施工质量验收规范要求,同意验收
	2	金属和塑料管支、吊架安装	第5.2.8条、5.2.9条		√										
	3	排水通汽管安装	第5.2.10条		√										
	4	医院污水和饮食业工艺排水	第5.2.11条、5.2.12条												
	5	室内排水管道安装	第5.2.13条、5.2.14条、5.2.15条		√										

6 排水管安装允许偏差

项目				规范值	检测数据									
坐标				15mm	15	5	8	5	6	6	5	3	10	6
标高				±15mm	+5	−5	+6	+6	−2	+10	−8	+7	+7	+6
横管纵横方向弯曲	铸铁管	每米		≯1mm										
		全长（25mm以上）		≯25mm										
	钢管	每米	管径≤100mm	1mm										
			管径>100mm	1.5mm	1.2	1.3	1.5	1.5	1.2	1	1.2	1.2	1.1	1.3
		全长(25m以上)	管径≤100mm	≯25mm										
			管径>100mm	≯38mm	15	20	25	18	17	22	10	13	15	25
	塑料管	每米		1.5mm										
		全长（25m以上）		≯38mm										
	钢筋混凝土管	每米		3mm										
		全长（25m以上）		≯75mm										
立管垂直度	铸铁管	每米		3mm										
		全长（5m以上）		≯15mm										
	钢管	每米		3mm	3	2	1	0	2	3	3	2	2	0
		全长（5m以上）		≯10mm	5	7	7	8	9	10	4	4	3	2
	塑料管	每米		3mm										
		全长（5m以上）		≯15mm										

施工单位检查评定结果	专业工长（施工员）　×××　　　　施工班组长　××× 主控项目、一般项目全部合格，符合设计及施工质量验收规范要求 项目专业质量检查员：×××　　　　　　　200×年××月××日
监理（建设）单位验收结论	同意验收 专业监理工程师：××× （建设单位项目专业技术负责人）　　　　　200×年××月××日

135

五、雨水管道及配件安装工程检验批质量验收记录表（表5-41）。

雨水管道及配件安装工程检验批质量验收记录表

表 5-41

编号：×××

单位（子单位）工程名称			××工程											
分部（子分部）工程名称			室内排水系统									验收部位	四 层	
施工单位			××建筑工程公司									项目经理	×××	
分包单位												分包项目经理		
施工执行标准名称及编号			建筑给水排水及采暖工程施工质量验收规范（GB 50242—2002）											

		施工质量验收规范规定			施工单位检查评定记录										监理（建设）单位验收记录
主控项目	1	室内雨水管道灌水试验		第5.3.1条	√										符合设计及施工质量验收规范要求，同意验收
	2	塑料雨水管安装伸缩节		第5.3.2条	√										
	3	地下埋设雨水管道最小坡度	（1）	50mm	20‰										
			（2）	75mm	15‰										
			（3）	100mm	8‰										
			（4）	125mm	6‰	6‰	8‰	8‰	8‰	6‰	8‰	10‰	10‰	10‰	10‰
			（5）	150mm	5‰										
			（6）	200～400mm	4‰										
			（7）	悬吊雨水管最小坡度≤5‰											
一般项目	1	雨水管不得与生活污水管相连接		第5.3.4条	√										符合设计及施工质量验收规范要求，同意验收
	2	雨水斗安装		第5.3.5条	√										
	3	悬吊前检查口间距	≤150	≯15m	√										
			≥200	≯20m											
	4	焊缝允许偏差	焊口平直度管壁厚10mm以内	管壁厚1/4	2	2	2	1	2	1	1	2	2	1
			焊缝加强面 高 度	+1mm	+1	+1	0	0	+1	0	+1	+1	+1	0
			宽 度		0	+1	+1	0	0	+1	0	0	+1	+1
			咬边 深 度	<0.5mm	0.2	0.2	0.3	0.4		0.5	0.5	0.2	0.2	0.5
			长度 连续长度	25mm	22	20	17	15	18	17	20	24	15	15
			总长度（两侧）	小于焊缝长度的10%	1	2	2	3	1	1	3	3	1	2
	5	雨水管道安装的允许偏差同室内排水管		第5.3.7条	√										

施工单位检查评定结果	专业工长（施工员）	×××	施工班组长	×××
	主控项目、一般项目全部合格，符合设计及施工质量验收规范要求			
	项目专业质量检查员：×××		200×年××月××日	
监理（建设）单位验收结论	同意验收			
	专业监理工程师：×××			
	（建设单位项目专业技术负责人）		200×年××月××日	

5.2 室内热水供应系统工程

5.2.1 质量要求

一、一般规定

以下各项要求适用于工作压力不大于 1.0MPa，热水温度不超过 75℃的室内热水供应管道安装工程的质量检验与验收。热水供应系统的管道应采用塑料管、复合管、镀锌钢管和铜管。热水供应系统管道及配件安装应按 5.1.1 节中"一、室内给水系统工程"的给水管道及配件安装的相关要求执行。

二、管道及配件安装

1. 主控项目

（1）热水供应系统安装完毕，管道保温之前应进行水压试验。试验压力应符合设计要求。当设计未注明时，热水供应系统水压试验压力应为系统顶点的工作压力加 0.1MPa，同时在系统顶点的试验压力不小于 0.3MPa。

检验方法：钢管或复合管道系统试验压力下 10min 内压力降不大于 0.02MPa，然后降至工作压力检查，压力应不降，且不渗不漏；塑料管道系统在试验压力下稳压 1h，压力降不得超过 0.05MPa，然后在工作压力 1.15 倍状态下稳压 2h，压力降不得超过 0.03MPa，连接处不得渗漏。

（2）热水供应管道应尽量利用自然弯补偿热伸缩，直线段过长则应设置补偿器。补偿器型式、规格、位置应符合设计要求，并按有关规定进行预拉伸。

检验方法：对照设计图纸检查。

（3）热水供应系统竣工后必须进行冲洗。

检验方法：现场观察检查。

2. 一般项目

（1）管道安装坡度应符合设计规定。

检验方法：水平尺、拉线尺量检查。

（2）温度控制器及阀门应安装在便于观察和维护的位置。

检验方法：观察检查。

（3）热水供应管道和阀门安装的允许偏差应符合表 5-2 的规定。

（4）热水供应系统管道应保温（浴室内明装管道除外），保温材料、厚度、保护壳等应符合设计规定。保温层厚度和平整度的允许偏差应符合表 5-10 的规定。

三、辅助设备安装

1. 主控项目

（1）在安装太阳能集热器玻璃前，应对集热排管和上、下集管作水压试验，试验压力为工作压力的 1.5 倍。

检验方法：试验压力下 10min 内压力不降，不渗不漏。

（2）热交换器应以工作压力的 1.5 倍作水压试验。蒸汽部分不应低于蒸汽供汽压力加 0.3MPa，热水部分应不低于 0.4MPa。

检验方法：试验压力下 10min 内压力不降，不渗不漏。

（3）水泵就位前的基础混凝土强度、坐标、标高、尺寸和螺栓孔位置必须符合设计要求。

检验方法：对照图纸用仪器和尺量检查。

（4）水泵试运转的轴承温升必须符合设备说明书的规定。

检验方法：温度计实测检查。

（5）敞口水箱的满水试验和密闭水箱（罐）的水压试验必须符合设计与《建筑给水排水及采暖工程施工质量验收规范》（GB 50242—2002）的规定。

检验方法：满水试验静置 24h，观察不渗不漏；水压试验在试验压力下 10min 压力不降，不渗不漏。

2. 一般项目

（1）安装固定式太阳能热水器，朝向应正南。如受条件限制时，其偏移角不得大于 15°。集热器的倾角，对于春、夏、秋三个季节使用的，应采用当地纬度为倾角；若以夏季为主，可比当地纬度减少 10°。

检验方法：观察和分度仪检查。

（2）由集热器上、下集管接往热水箱的循环管道，应有不小于 5‰的坡度。

（3）自然循环的热水箱底部与集热器上集管之间的距离为 0.3～1.0m。

检验方法：尺量检查。

（4）制作吸热钢板凹槽时，其圆度应准确，间距应一致。安装集热排管时，应用卡箍和钢丝紧固在钢板凹槽内。

检验方法：手扳和尺量检查。

（5）太阳能热水器的最低处应安装泄水装置。

（6）热水箱及上、下集管等循环管道均应保温。

（7）凡以水作介质的太阳能热水器，在 0℃以下地区使用，应采取防冻措施。

检验方法：观察检查。

（8）热水供应辅助设备安装的允许偏差应符合表 5-9 的规定。

（9）太阳能热水器安装的允许偏差应符合表 5-42 的规定。

太阳能热水器安装的允许偏差和检验方法　　　　　　　　　　表 5-42

项　　　目			允许偏差	检验方法
板式直管太阳能热水器	标　　高	中心线距地面/mm	±20	尺　　量
	固定安装朝向	最大偏移角	≤15°	分度仪检查

5.2.2　施工质量监理表格填写范例

补偿器安装记录填写范例：

各类补偿器安装时应按要求进行补偿器安装记录。补偿器安装应符合相关规定与要求，具体如下：

（1）补偿器型式、规格、位置应符合设计要求，并按有关规定进行预拉伸。

检验方法：对照设计图纸检查。

（2）补偿器的型号、安装位置及预拉伸和固定支架的构造及安装位置应符合设计要求。

检验方法：对照图纸，现场观察，并查验预拉伸记录。

（3）室外供热管网安装补偿器的位置必须符合设计要求，并应按设计要求或产品说明书进行预拉伸。管道固定支架的位置和构造必须符合设计要求。

检验方法：对照图纸，并查验预拉伸记录。

补偿器安装时应注意以下事项：

（1）补偿器预拉伸数值应根据设计给出的最大补偿量得出（一般为其数值的50%），但应注意的是不同位置的补偿器由于管段长度、运行温度、安装温度不同而有所不同。

（2）根据试验的实际情况填写实测数据，数据要准确，内容要齐全，不得漏项。

（3）工程采用施工总承包管理模式的，签字人员应为施工总承包单位的相关人员。

（4）伸长可通过下列公式计算：

$$\Delta L = \alpha L \Delta t$$

式中　ΔL——热伸长（m）；

　　　α——管道线膨胀系数，碳素钢 $\alpha = 12 \times 10^{-6}$ m/（m·℃）；

　　　L——管长（m）；

　　　Δt——管道在运行时的温度与安装时的温度之差值（℃）。

《补偿器安装记录》由施工单位填写并保存，其填写范例见表5-43。

补偿器安装记录   表5-43

编号：×××

工程名称	××工程	日期	20××年××月××日
设计压力	0.8MPa	补偿器安装部位	采暖系统主干管
补偿器规格型号	×××	补偿器材质	不锈钢
固定支架间距	55.6m	管内介质温度	70℃水
计算预拉值	20mm	实际预拉值	20mm

补偿器安装记录及说明：

　补偿器的安装及预拉值示意图和说明由补偿器厂家完成。

导向支架　　补偿器　　固定支架

结论：

　补偿器安装符合设计要求及《建筑给水排水及采暖工程施工质量验收规范》（GB 50242—2002）的规定，同意进行下一道工序。

签字栏	建设（监理）单位	施工单位	××公司	
		专业技术负责人	专业质检员	专业工长
	××监理公司	×××	×××	×××

5.2.3　质量验收填写范例

一、室内热水管道及配件安装工程检验批质量验收记录表（表5-44）。

室内热水管道及配件安装工程检验批质量验收记录表　　表5-44

编号：×××

单位（子单位）工程名称	××工程		
分部（子分部）工程名称	室内热水供应系统	验收部位	
施工单位	××建筑工程公司	项目经理	×××
分包单位		分包项目经理	
施工执行标准名称及编号	建筑给水排水及采暖工程施工质量验收规范（GB 50242—2002）		

		施工质量验收规范规定			施工单位检查评定记录	监理（建设）单位验收记录
主控项目	1	热水供应系统管道水压试验	设计要求		✓	符合设计及施工质量验收规范要求，同意验收
	2	热水供应系统管道安装补偿器	第6.2.2条		✓	
	3	热水供应系统管道冲洗	第6.2.3条		✓	
一般项目	1	管道安装坡度	设计规定		✓	符合设计及施工质量验收规范要求，同意验收
	2	温度控制器和阀门安装	第6.2.5条		✓	
	3 管道安装允许偏差	水平管道纵横方向弯曲	钢管	每米 1mm	0 1 0 0 1 0 0.5 0.5 0 1	
				全长25m以上 ≥25mm	10 15 18 16 20 15 20 20 15 10	
			塑料管复合管	每米 1.5mm		
				全长25m以上 ≥25mm		
		立管垂直度	钢管	每米 3mm	2 2 1 1 1 2 3 2 2 3	
				全长25m以上 ≥8mm	4 4 4 4 4 5 7 5 8 6	
			塑料管复合管	每米 2mm		
				全长25m以上 ≥8mm		
		成排管道和成排阀门	在同一平面上间距	3mm	3 3 2 1 1 2 2 1 1 1	
	4 保温层允许偏差	厚度		$+0.1\delta$、-0.05δ	+5 +2 +3 -2 +2 +5 -2 -1 +3 -4	
		表面平整度	卷材	5mm	2 3 2 1 5 4 4 2 2 3	
			涂沫	10mm		

	专业工长（施工员）	×××	施工班组长	×××
施工单位检查评定结果	主控项目、一般项目全部合格，符合设计及施工质量验收规范要求 项目专业质量检查员：×××　　　　　　200×年××月××日			
监理（建设）单位验收结论	同意验收 监理工程师：××× （建设单位项目专业技术负责人）　　　　200×年××月××日			

140

二、热水供应系统辅助设备安装工程检验批质量验收记录表（表5-45）。

热水供应系统辅助设备安装工程检验批质量验收记录表　　表5-45

编号：×××

单位（子单位）工程名称	××工程		
分部（子分部）工程名称	室内热水供应系统	验收部位	四层
施工单位	××建筑工程公司	项目经理	×××
分包单位		分包项目经理	
施工执行标准名称及编号	建筑给水排水及采暖工程施工质量验收规范（GB 50242—2002）		

		施工质量验收规范规定		施工单位检查评定记录	监理（建设）单位验收记录
主控项目	1	热交换器，太阳能热水器排管和水箱等水压和灌水试验	第6.3.1条 第6.3.2条 第6.3.5条	✓	符合设计及施工质量验收规范要求，同意验收
	2	水泵基础	第6.3.3条	✓	
	3	水泵试运转温升	第6.3.4条	✓	
一般项目	1	太阳能热水器安装	第6.3.6条	✓	符合设计及施工质量验收规范要求，同意验收
	2	太阳能热水器上、下集箱的循环管道坡度	第6.3.7条	✓	
	3	水箱底部与上集水管间距	第6.3.8条	✓	
	4	集热排管安装紧固	第6.3.9条	✓	
	5	热水器最低处安泄水装置	第6.3.10条	✓	
	6	太阳能热水器上、下集箱管道保温，防冻	第6.3.11条 第6.3.12条	✓	

一般项目 7 设备安装允许偏差：

项目			允许偏差										
静置设备	坐标	15mm	12	10	8	5	6	9	10	15	12	10	
	标高	±5mm	+3	−2	+2	+3	−1	+4	+5	−4	−3	+2	
	垂直度每米	5mm	2	2	3	1	2	2	1	3	1	3	
离心式水泵	立式水泵垂直度每米	0.1mm	0.1	0	0	0	0.1	0	0.1	0.1	0.1	0	
	卧式水泵水平度每米	0.1mm											
同心度联轴器	轴向倾斜（每米）	0.8mm											
	径向位移	0.1mm											

一般项目 8 热水器安装允许偏差：

项目		允许偏差										
标高	中心线距地面（mm）	±20mm	+10	−8	+10	+5	−20	−10	+8	+15	+7	+16
朝向	最大偏移角	≤15°	10°	6°	5°	10°	10°	10°	10°	10°	10°	10°

监理（建设）单位验收记录：符合设计及施工质量验收规范要求，同意验收

	专业工长（施工员）	×××	施工班组长	×××
施工单位检查评定结果	主控项目、一般项目全部合格，符合设计及施工质量验收规范要求			
	项目专业质量检查员：×××　　　　　　200×年××月××日			
监理（建设）单位验收结论	同意验收 监理工程师：××× （建设单位项目专业技术负责人）　　　　200×年××月××日			

5.3 卫生器具安装工程

5.3.1 质量要求

一、一般规定

（1）卫生器具的安装应采用预埋螺栓或膨胀螺栓安装固定。

（2）卫生器具安装高度如设计无要求时，应符合表 5-46 的规定。

卫生器具的安装高度   表 5-46

项次	卫生器具名称		卫生器具的安装高度 /mm		备 注
			居住和公共建筑	幼儿园	
1	污水盆（池）	架空式	800	800	
		落地式	500	500	
2	洗涤盆(池)		800	800	
3	洗脸盆、洗手盆(有塞、无塞)		800	500	自地面至器具上边缘
4	盥洗槽		800	500	
5	浴盆		≤520		
6	蹲式大便器	高水箱	1800	1800	自台阶面至高水箱底
		低水箱	900	900	自台阶面至低水箱底
7	坐式大便器	高水箱	1800	1800	自地面至高水箱底
	低水箱	外露排水管式	510		自地面至低水箱底
		虹吸喷射式	470	370	
8	小便器	挂式	600	450	自地面至下边缘
9	小便槽		200	150	自地面至台阶面
10	大便槽冲洗水箱		≥2000		自台阶面至水箱底
11	妇女卫生盆		360		自地面至器具上边缘
12	化验盆		800		自地面至器具上边缘

（3）卫生器具给水配件的安装高度，如设计无要求时，应符合表 5-47 的规定。

卫生器具给水配件的安装高度   表 5-47

项次	给水配件名称	配件中心距地面高度 /mm	冷热水龙头距离 /mm
1	架空式污水盆(池)水龙头	1000	—
2	落地式污水盆(池)水龙头	800	—
3	洗涤盆(池)水龙头	1000	150
4	住宅集中给水龙头	1000	—
5	洗手盆水龙头	1000	—

项次	给水配件名称		配件中心距地面高度/mm	冷热水龙头距离/mm
6	洗脸盆	水龙头(上配水)	1000	150
		水龙头(下配水)	800	150
		角阀(下配水)	450	—
7	盥洗槽	水龙头	1000	150
		冷热水管上下并行其中热水龙头	1100	150
8	浴盆	水龙头(上配水)	670	150
9	淋浴器	截止阀	1150	95
		混合阀	1150	—
		淋浴喷头下沿	2100	—
10	蹲式大便器(台阶面算起)	高水箱角阀及截止阀	2040	—
		低水箱角阀	250	—
		手动式自闭冲洗阀	600	—
		脚踏式自闭冲洗阀	150	—
		拉管式冲洗阀(从地面算起)	1600	—
		带防污助冲器阀门(从地面算起)	900	—
11	坐式大便器	高水箱角阀及截止阀	2040	—
		低水箱角阀	150	—
12	大便槽冲洗水箱截止阀(从台阶面算起)		≥2400	—
13	立式小便器角阀		1130	—
14	挂式小便器角阀及截止阀		1050	—
15	小便槽多孔冲洗管		1100	—
16	实验室化验水龙头		1000	—
17	妇女卫生盆混合阀		360	—

注：装设在幼儿园内的洗手盆、洗脸盆和盥洗槽水嘴中心离地面安装高度应为700mm，其他卫生器具给水配件的安装高度，应按卫生器具的实际尺寸相应减少。

二、卫生器具安装

1. 主控项目

（1）排水栓和地漏的安装应平正、牢固，低于排水表面，周边无渗漏。地漏水封高度不得小于50mm。

检验方法：试水观察检查。

（2）卫生器具交工前应做满水和通水试验。

检验方法：满水后各连接件不渗不漏；通水试验给、排水畅通。

2. 一般项目

（1）卫生器具安装的允许偏差应符合表 5-48 的规定。

卫生器具安装的允许偏差和检验方法 　　　　　表 5-48

项次	项目		允许偏差/mm	检验方法
1	坐标	单独器具	10	拉线、吊线和尺量检查
		成排器具	5	
2	标高	单独器具	±15	
		成排器具	±10	
3	器具水平度		2	用水平尺和尺量检查
4	器具垂直度		3	吊线和尺量检查

（2）有饰面的浴盆，应留有通向浴盆排水口的检修门。

（3）小便槽冲洗管，应采用镀锌钢管或硬质管。冲洗孔应斜向下方安装，冲洗水流同墙面成 45°角。镀锌钢管钻孔后应进行二次镀锌。

检验方法：观察检查。

（4）卫生器具的支、托架必须防腐良好，安装平整、牢固，与器具接触紧密、平稳。

检验方法：观察和手扳检查。

三、卫生器具给水配件安装

1. 主控项目

卫生器具给水配件应完好无损伤，接口严密，启闭部分灵活。

检验方法：观察及手扳检查。

2. 一般项目

（1）卫生器具给水配件安装标高的允许偏差应符合表 5-49 的规定。

卫生器具给水配件安装标高的允许偏差和检验方法 　　　表 5-49

项次	项　　目	允许偏差/mm	检验方法
1	大便器高、低水箱角阀及截止阀	±10	尺 量 检 查
2	水嘴	±10	
3	淋浴器喷头下沿	±15	
4	浴盆软管淋浴器挂钩	±20	

（2）浴盆软管淋浴器挂钩的高度，如设计无要求，应距地面 1.8m。

检验方法：尺量检查。

四、卫生器具排水管道安装

1. 主控项目

（1）与排水横管连接的各卫生器具的受水口和立管均应采取妥善可靠的固定措施，管道与楼板的接合部位应采取牢固可靠的防渗、防漏措施。

144

检验方法：观察和手扳检查。

（2）连接卫生器具的排水管道接口应紧密不漏，其固定支架、管卡等支撑位置应正确、牢固，与管道的接触应平整。

检验方法：观察及通水检查。

2. 一般项目

（1）卫生器具排水管道安装的允许偏差应符合表 5-50 的规定。

卫生器具排水管道安装的允许偏差及检验方法   表 5-50

项次	检 查 项 目		允许偏差/mm	检验方法
1	横管弯曲度	每 1m 长	2	用水平尺量检查
		横管长度≤10m，全长	<8	
		横管长度>10m，全长	10	
2	卫生器具的排水管口及横支管的纵横坐标	单独器具	10	用尺量检查
		成排器具	5	
3	卫生器具的接口标高	单独器具	±10	用水平尺和尺量检查
		成排器具	±5	

（2）连接卫生器具的排水管管径和最小坡度，如设计无要求时，应符合表 5-51 的规定。

检验方法：用水平尺和尺量检查。

连接卫生器具的排水管管径和最小坡度   表 5-51

项次	卫生器具名称		排水管管径/mm	管道的最小坡度（‰）
1	污水盆（池）		50	25
2	单、双格洗涤盆（池）		50	25
3	洗手盆、洗脸盆		32～50	20
4	浴盆		50	20
5	淋浴器		50	20
6	大便器	高、低水箱	100	12
		自闭式冲洗阀	100	12
		拉管式冲洗阀	100	12
7	小便器	手动、自闭式冲洗阀	40～50	20
		自动冲洗水箱	40～50	20
8	化验盆（无塞）		40～50	25
9	净身器		40～50	20
10	饮水器		20～50	10～20
11	家用洗衣机		50（软管为 30）	

5.3.2 质量验收填写范例

一、卫生器具及给水配件安装工程检验批质量验收记录表（表5-52）。

卫生器具及给水配件安装工程检验批质量验收记录表　　　　　　表5-52

编号：×××

单位（子单位）工程名称					××工程						
分部（子分部）工程名称					卫生器具安装				验收部位		首层
施工单位					××建筑工程公司				项目经理		×××
分包单位									分包项目经理		
施工执行标准名称及编号					建筑给水排水及采暖工程施工质量验收规范（GB 50242—2002）						

		施工质量验收规范规定				施工单位检查评定记录							监理（建设）单位验收记录
主控项目	1	卫生器具满水试验和通水试验		第7.2.2条		√							符合设计及施工质量验收规范要求，同意验收
	2	排水栓与地漏安装		第7.2.1条		√							
	3	卫生器具给水配件		第7.3.1条		√							
一般项目	1	卫生器具安装允许偏差	坐标	单独器具	10mm	√							符合设计及施工质量验收规范要求，同意验收
				成排器具	5mm	√							
			标高	单独器具	±15mm	√							
				成排器具	±10mm	√							
			器具水平度		2mm	√							
			器具垂直度		3mm	√							
	2	给水配件安装允许偏差	高、低水箱、阀角及截止阀嘴		±10mm	+8	+7	+5	−5	+6	−3	+10 +8 −7 +8	
			淋浴器喷头下沿		±15mm	+10	−8	+7	+5	−6	+7	+10 +12 −15 +12	
			浴盆软管淋浴器挂钩		±20mm	+10	−15	+12	+15	−20	+10	−18 +16 +8 +12	
	3	浴盆检修门、小便槽冲洗管安装		第7.2.4条、第7.2.5条									
	4	卫生器具的支、托架		第7.2.6条									
	5	浴盆淋浴器挂钩高度距地1.8m		第7.3.3条									

施工单位检查评定结果	专业工长（施工员）		×××	施工班组长	×××
	主控项目、一般项目全部合格，符合设计及施工质量验收规范要求				
	项目专业质量检查员：×××			200×年××月××日	

监理（建设）单位验收结论	同意验收
	专业监理工程师：×××
	（建设单位项目专业技术负责人）　　　　　　　　200×年××月××日

146

二、卫生器具排水管道安装工程检验批质量验收记录表（表5-53）。

卫生器具排水管安装工程检验批质量验收记录表　　表5-53

编号：×××

单位（子单位）工程名称	××工程		
分部（子分部）工程名称	卫生器具安装	验收部位	四层
施工单位	××建筑工程公司	项目经理	×××
分包单位		分包项目经理	
施工执行标准名称及编号	建筑给水排水及采暖工程施工质量验收规范（GB 50242—2002）		

		施工质量验收规范规定			施工单位检查评定记录	监理（建设）单位验收记录
主控项目	1	器具受水口与立管，管道与楼板接合	第7.4.1条		√	符合设计及施工质量验收规范要求，同意验收
	2	连接排水管应严密，其支托架安装	第7.4.2条		√	

一般项目 1 安装允许偏差：

项目			规定	检查评定记录
横管弯曲度		每米长	2mm	2　2　1　0　1　1　0　1　0　2
		横管长度≤10m,全长	<8mm	
		横管长度>10m,全长	10mm	8　10　5　6　6　8　7　10　8　9
卫生器具排水管口及横支管的纵横坐标		单独器具	10mm	
		成排器具	5mm	3　3　2　5　1　3　2　2　5　4
卫生器具接口标高		单独器具	±10mm	
		成排器具	±5mm	+3　+4　-2　-5　+6　-5　+3　-3　+2　+3

一般项目 2 排水管最小坡度：

项目			规定	检查评定记录
污水盆（池）		50mm	25‰	28‰ 26‰ 26‰ 25‰ 25‰ 28‰ 28‰ 25‰ 25‰ 28‰
单、双格洗涤盆（池）		50mm	25‰	
洗手盆、洗脸盆		32～50mm	20‰	25‰ 20‰ 20‰ 28‰ 26‰ 25‰ 20‰ 28‰ 20‰ 20‰
浴盆		50mm	20‰	
淋浴器		50mm	20‰	
大便器	高低水箱	100mm	12‰	
	自闭式冲洗阀	100mm	12‰	12‰ 15‰ 18‰ 15‰ 16‰ 12‰ 18‰ 18‰ 16‰ 16‰
	拉管式冲洗阀	100mm	12‰	
小便器	冲洗阀	40～50mm	20‰	25‰ 28‰ 20‰ 25‰ 25‰ 20‰ 25‰ 25‰ 20‰ 20‰
	自动冲洗水箱	40～50mm	20‰	
化验盆（无塞）		40～50mm	25‰	
净身器		40～50mm	20‰	
饮水器		20～50mm	10‰～20‰	

一般项目监理（建设）单位验收记录：符合设计及施工质量验收规范要求，同意验收

	专业工长（施工员）	×××	施工班组长	×××
施工单位检查评定结果	主控项目、一般项目全部合格，符合设计及施工质量验收规范要求 项目专业质量检查员：×××　　　　　　　200×年××月××日			
监理（建设）单位验收结论	专业监理工程师：××× （建设单位项目专业技术负责人）　　　　　200×年××月××日			

147

5.4 室内采暖系统工程

5.4.1 质量要求

一、基本要求

（1）本部分内容适用于饱和蒸汽压力不大于 0.7MPa，热水温度不超过 130℃的室内采暖系统安装工程。

（2）焊接钢管的连接，管径小于或等于 32mm，应采用螺纹连接；管径大于 32mm，采用焊接。镀锌钢管的连接见 5.1.1 节中"一、室内给水系统工程"的第 1 条第（2）项的相关要求。

二、管道及配件安装

1. 主控项目

（1）管道安装坡度，当设计未注明时，应符合下列规定：

1）气、水同向流动的热水采暖管道和气、水同向流动的蒸汽管道及凝结水管道，坡度应为 3‰，不得小于 2‰。

2）气、水逆向流动的热水采暖管道和气、水逆向流动的蒸汽管道，坡度不应小于 5‰。

3）散热器支管的坡度应为 1%，坡向应利于排气和泄水。

检验方法：观察，水平尺、拉线、尺量检查。

（2）补偿器的型号、安装位置及预拉伸和固定支架的构造及安装位置应符合设计要求。

检验方法：对照图纸，现场观察，并查验预拉伸记录。

（3）平衡阀及调节阀型号、规格、公称压力及安装位置应符合设计要求。安装完后应根据系统平衡要求进行调试并做出标志。

检验方法：对照图纸查验产品合格证，并现场查看。

（4）蒸汽减压阀和管道及设备上安全阀的型号、规格、公称压力及安装位置应符合设计要求。安装完毕后应根据系统工作压力进行调试，并做出标志。

检验方法：对照图纸查验产品合格证及调试结果证明书。

（5）方形补偿器制作时，应用整根无缝钢管煨制，如需要接口，其接口应设在垂直臂的中间位置，且接口必须焊接。

（6）方形补偿器应水平安装，并与管道的坡度一致；如其臂长方向垂直安装必须设排气及泄水装置。

检验方法：观察检查。

2. 一般项目

（1）热量表、疏水器、除污器、过滤器及阀门的型号、规格、公称压力及安装位置应符合设计要求。

检验方法：对照图纸查验产品合格证。

（2）钢管管道焊口尺寸的允许偏差应符合表 5-17 的规定。

（3）采暖系统入口装置及分户热计量系统入户装置，应符合设计要求。安装位置应便于检修、维护和观察。

检验方法：现场观察。

（4）散热器支管长度超过 1.5m 时，应在支管上安装管卡。

检验方法：尺量和观察检查。

（5）上供下回式系统的热水干管变径应顶平偏心连接，蒸汽干管变径应底平偏心连接。

（6）在管道干管上焊接垂直或水平分支管道时，干管开孔所产生的钢渣及管壁等废弃物不得残留管内，且分支管道在焊接时不得插入干管内。

（7）膨胀水箱的膨胀管及循环管上不得安装阀门。

检验方法：观察检查。

（8）当采暖热媒为 110～130℃ 的高温水时，管道可拆卸件应使用法兰，不得使用长丝和活接头。法兰垫料应使用耐热橡胶板。

检验方法：观察和查验进料单。

（9）焊接钢管管径大于 32mm 的管道转弯，在作为自然补偿时应使用煨弯。塑料管及复合管除必须使用直角弯头的场合外应使用管道直接弯曲转弯。

检验方法：观察检查。

（10）管道、金属支架和设备的防腐和涂漆应附着良好，无脱皮、起泡、流淌和漏涂缺陷。

检验方法：现场观察检查。

（11）管道和设备保温的允许偏差应符合表 5-10 的规定。

（12）采暖管道安装的允许偏差应符合表 5-54 的规定。

采暖管道安装的允许偏差和检验方法 表 5-54

项次	项　　目			允许偏差	检验方法
1	横管道纵、横方向弯曲/mm	每 1m	管径≤100mm	1	用水平尺、直尺、拉线和尺量检查
			管径>100mm	1.5	
		全长（25m 以上）	管径≤100mm	≤13	
			管径>100mm	≤25	
2	立管垂直度/mm	每 1m		2	吊线和尺量检查
		全长（5m 以上）		≤10	
3	弯管	椭圆率 $\dfrac{(D_{max}-D_{min})}{D_{max}}$	管径≤100mm	10%	用外卡钳和尺量检查
			管径>100mm	8%	
		折皱不平度/mm	管径≤100mm	4	
			管径>100mm	5	

注：D_{max}、D_{min} 分别为管子最大外径及最小外径。

三、辅助设备及散热器安装

1. 主控项目

（1）散热器组对后，以及整组出厂的散热器在安装之前应作水压试验。试验压力如设计无要求时应为工作压力的 1.5 倍，但不小于 0.6MPa。

检验方法：试验时间为 2～3min，压力不降且不渗不漏。

（2）水泵、水箱、热交换器等辅助设备安装的质量检验与验收应按 5.1.1 节中"一、室内给水系统工程"的第 5 条第（1）项和 5.8.1 中"六、换热站安装"的相关规定执行。

2. 一般项目

（1）散热器组对应平直紧密，组对后的平直度应符合表 5-55 规定。

组对后的散热器平直度允许偏差　　　　　　　　表 5-55

项次	散热器类型	片　数	允许偏差/mm
1	长 翼 型	2～4	4
		5～7	6
2	铸 铁 片 式	3～15	4
	钢 制 片 式	16～25	6

检验方法：拉线和尺量。

（2）组对散热器的垫片应符合下列规定：

① 组对散热器的垫片应使用成品，组对后垫片外露不应大于 1mm。

② 散热器垫片材质当设计无要求时，应采用耐热橡胶。

检验方法：观察和尺量检查。

（3）散热器支架、托架安装，位置应准确，埋设牢固。散热器支架、托架数量，应符合设计或产品说明书要求。如设计未注明时，则应符合表 5-56 的规定。

检验方法：现场清点检查。

散热器支架、托架数量　　　　　　　　表 5-56

项次	散热器形式	安装方式	每组片数	上部托钩或卡架数	下部托钩或卡架数	合　计
1	长翼型	挂墙	2～4	1	2	3
			5	2	2	4
			6	2	3	5
			7	2	4	6
2	柱型柱翼型	挂墙	3～8	1	2	3
			9～12	1	3	4
			13～16	2	4	6
			17～20	2	5	7
			21～25	2	6	8
3	柱型柱翼型	带足落地	3～8	1	—	1
			8～12	1	—	1
			13～16	2	—	2
			17～20	2	—	2
			21～25	2	—	2

（4）散热器背面与装饰后的墙内表面安装距离，应符合设计或产品说明书要求。如设计未注明，应为 30mm。

检验方法：尺量检查。

（5）散热器安装允许偏差应符合表5-57的规定。

散热器安装允许偏差和检验方法　　　　　　表 5-57

项次	项　　目	允许偏差/mm	检验方法
1	散热器背面与墙内表面距离	3	尺　量
2	与窗中心线或设计定位尺寸	20	
3	散热器垂直度	3	吊线和尺量

（6）铸铁或钢制散热器表面的防腐及面漆应附着良好，色泽均匀，无脱落、起泡、流淌和漏涂缺陷。

检验方法：现场观察。

四、金属辐射板安装

主控项目：

（1）辐射板在安装前应作水压试验，如设计无要求时，试验压力应为工作压力 1.5 倍，但不得小于 0.6MPa。

检验方法：试验压力下 2～3min 压力不降且不渗不漏。

（2）水平安装的辐射板应有不小于5‰的坡度坡向回水管。

检验方法：水平尺、拉线和尺量检查。

（3）辐射板管道及带状辐射板之间的连接，应使用法兰连接。

检验方法：观察检查。

五、低温热水地板辐射采暖系统安装

1. 主控项目

（1）地面下敷设的盘管埋地部分不应有接头。

检验方法：隐蔽前现场查看。

（2）盘管隐蔽前必须进行水压试验，试验压力为工作压力的 1.5 倍，但不小于 0.6MPa。

检验方法：稳压 1h 内压力降不大于 0.05MPa 且不渗不漏。

（3）加热盘管弯曲部分不得出现硬折弯现象，曲率半径应符合下列规定：

1）塑料管：不应小于管道外径的 8 倍。

2）复合管：不应小于管道外径的 5 倍。

检验方法：尺量检查。

2. 一般项目

（1）分、集水器型号、规格、公称压力及安装位置、高度等应符合设计要求。

检验方法：对照图纸及产品说明书，尺量检查。

（2）加热盘管管径、间距和长度应符合设计要求。间距偏差不大于±10mm。

检验方法：拉线和尺量检查。

（3）防潮层、防水层、隔热层及伸缩缝应符合设计要求。

检验方法：填充层浇灌前观察检查。

（4）填充层强度标号应符合设计要求。

检验方法：作试块抗压试验。

六、系统水压试验及调试

主控项目：

（1）采暖系统安装完毕，管道保温之前应进行水压试验，试验压力应符合设计要求。当设计未注明时，应符合下列规定：

1）蒸汽、热水采暖系统，应以系统顶点工作压力加 0.1MPa 作水压试验，同时在系统顶点的试验压力不小于 0.3MPa。

2）高温热水采暖系统，试验压力应为系统顶点工作压力加 0.4MPa。

3）使用塑料管及复合管的热水采暖系统，应以系统顶点工作压力加 0.2MPa 作水压试验，同时在系统顶点的试验压力不小于 0.4MPa。

检验方法：使用钢管及复合管的采暖系统应在试验压力下 10min 内压力降不大于 0.02MPa，降至工作压力后检查，不渗、不漏；使用塑料管的采暖系统应在试验压力下 1h 内压力降不大于 0.05MPa，然后降压至工作压力的 1.15 倍，稳压 2h，压力降不大于 0.03MPa，同时各连接处不渗、不漏。

（2）系统试压合格后，对系统进行冲洗并清扫过滤器及除污器。

检验方法：现场观察，直至排出水不含泥沙、铁屑等杂质，且水色不浑浊为合格。

（3）系统冲洗完毕应充水、加热，进行试运行和调试。

检验方法：观察、测量室温应满足设计要求。

5.4.2 施工质量监理表格填写范例

一、管道保温记录

《管道保温记录》填写范例见表 5-58。

管道保温记录　　　　　　　　　　　　　　　　　表 5-58

编号：×××

工程名称	××工程	检查项目	室内采暖系统
检查部位	地下一层	检查日期	20××年××月××日

检查依据：
管道保温允许偏差应符合《建筑给水排水及采暖工程施工质量验收规范》（GB 50242—2002）中表 4.4.8 的要求。

检查内容：
1. 管道的保温厚度应符合设计规定，允许偏差为 5%～10%。
2. 管道保温时，表面应平整，采用卷材和板材时，每米允许偏差为 5mm，涂抹或其他做法允许偏差为 10mm。
3. 垂直管道的保温层，每层楼设承重托板 1 个，支承托板应焊在管壁上。
4. 保温层的表面应做厚度不小于 10mm 的保护层。
5. 湿法保温时，只允许在气温不低于 +5℃时进行。

施工单位检查结论	专业工长	×××	班组长	×××
	符合《建筑给水排水及采暖工程施工质量验收规范》（GB 50242—2002）的规定，检验结果合格。 项目专业质检员：××　　专业技术负责人：×××　　20××年××月××日			
监理（建设）单位验收意见	同意施工单位检查结论，验收合格。 专业监理工程师：××× （建设单位项目专业技术负责人）　　　　　　　　20××年××月××日			

二、暖气管道、散热器压力试验记录

《暖气管道、散热器压力试验记录》填写范例见表 5-59。

暖气管道、散热器压力试验记录

表 5-59

编号：×××

工程名称	××工程	试验日期	20××年××月××日
试验项目	室内采暖系统	试验部位	地下一层
材质	镀锌钢管	规格	DN20

试验要求：

(1) 蒸汽、热水采暖系统，应以系统顶点工作压力加 0.1MPa 进行水压试验，同时在系统顶点的试验压力应不小于 0.3MPa。

(2) 高温热水采暖系统，试验压力应为系统顶点工作压力加 0.4MPa。

(3) 使用塑料管及复合管的热水采暖系统，应以系统顶点工作压力加 0.2MPa 进行水压试验，同时在系统顶点的试验压力应不小于 0.4MPa。

使用塑料管的采暖系统应在试验压力下 1h 内压力降不大于 0.05MPa，然后降压至工作压力的 1.15 倍稳压 2h，压力降应不大于 0.03MPa，同时各连接处不渗、不漏。

试验记录：

暖气管道、散热器压力试验符合试验要求，同意进行下一步工作。

施工单位检查结论	专业工长（施工员）	×××
	符合《建筑给水排水及采暖工程施工质量验收规范》（GB 50242—2002）的规定，检验结果合格。 项目专业质检员：×××　　　　专业技术负责人：××× 20××年××月××日	
监理（建设）单位验收意见	同意施工单位检查结论，验收合格。 专业监理工程师：××× （建设单位项目专业技术负责人）　　　　20××年××月××日	

5.4.3 质量验收填写范例

一、室内采暖管道及配件安装工程质量检验表（表5-60）。

室内采暖管道及配件安装工程质量检验表　　　　　　　　表 5-60

编号：×××

单位（子单位）工程名称			××工程		
分部（子分部)工程名称			室内采暖	验收部位	首 层
施工单位			××建筑工程公司	项目经理	×××
分包单位				分包项目经理	
施工执行标准名称及编号			建筑给水排水及采暖工程施工质量验收规范(GB 50242—2002)		

			施工质量验收规范规定		施工单位检查评定记录	监理(建设)单位验收记录
主控项目	1		管道安装坡度	第8.2.1条	✓	符合设计及施工质量验收规范要求，同意验收
	2		采暖系统水压试验	第8.6.1条	✓	
	3		采暖系统冲洗、试运行和调试	第8.6.2条，8.6.3条	✓	
	4		补偿器的制作、安装及预拉伸	第8.2.2条，8.2.5条，8.2.6条	✓	
	5		平衡阀、调节阀、减压阀安装	第8.2.3条，8.2.4条	✓	

			施工质量验收规范规定						施工单位检查评定记录										监理(建设)单位验收记录
一般项目	1		热量表、疏水器、除污器等安装	第8.2.7条					✓										符合设计及施工质量验收规范要求，同意验收
	2		钢管焊接	第8.2.8条					✓										
	3		采暖入口及分户计量入户装置安装	第8.2.9条					✓										
	4		管道连接及散热器支管安装	第8.2.10条，8.2.11条，8.2.12条，8.2.13条，8.2.14条，8.2.15条					✓										
	5		管道及金属支架的防腐	第8.2.16条					✓										
	6	管道安装允许偏差	横管道纵、横方向弯曲(mm)	每米	管径≤100mm	1	1	0	1	0	1	1	0	0	1	1			
					管径>100mm	1.5													
				全长(25m以上)	管径≤100mm	≯13	13	12	8	7	5	6	5	6	8	10			
					管径>100mm	≯25													
			立管垂直度(mm)	每米		2	1	2	1	0	1	1	0	0	1	2			
				全长(5m以上)		≯10	5	6	8	10	7	7	6	4	2	3			
			弯管	椭圆率	管径≤100mm	10%	10%	8%	7%	10%	5%	5%	5%	5%	7%	10%			
					管径>100mm	8%													
				折皱不平度(mm)	管径≤100mm	4	2	2	2	3	4	6	2	4	2	1			
					管径>100mm	5													
	7	管道保温允许温差	厚度			$^{+0.1\delta}_{-0.05\delta}$	+5	+7	-6	+10	+8	-6	-6	+8	-5	+5			
			表面平整度(mm)	卷材		5	2	2	3	3	5	1	0	1	3	3			
				涂料		10													

施工单位检查评定结果	专业工长（施工员）　×××　　　施工班组长　×××
	主控项目、一般项目全部合格，符合设计及施工质量验收规范要求
	项目专业质量检查员：×××　　　　　　　　200×年××月××日
监理（建设）单位验收结论	同意验收
	专业监理工程师：×××
	（建设单位项目专业技术负责人）　　　　　200×年××月××日

二、室内采暖辅助设备及散热器及金属辐射板安装工程检验批质量验收记录表（表5-61）。

室内采暖辅助设备及散热器及金属辐射板安装工程检验批质量验收记录表　　表5-61

编号：×××

单位（子单位）工程名称			××工程										
分部（子分部）工程名称			室内采暖							验收部位		首　层	
施工单位			××建筑工程公司							项目经理		×××	
分包单位										分包项目经理			
施工执行标准名称及编号			建筑给水排水及采暖工程施工质量验收规范（GB 50242—2002）										

		施工质量验收规范规定		施工单位检查评定记录									监理（建设）单位验收记录
主控项目	1	散热器水压试验	第8.3.1条	√									符合设计及施工质量验收规范要求，同意验收
	2	金属辐射板水压试验	第8.4.1条	√									
	3	金属辐射板安装	第8.4.2条，8.4.3条	√									
	4	水泵、水箱安装	第8.3.2条	√									
一般项目	1	散热器的组对	第8.3.3条，8.3.4条	√									符合设计及施工质量验收规范要求，同意验收
	2	散热器的安装	第8.3.5条，8.3.6条	√									
	3	散热器表面防腐涂漆	第8.3.8条	√									
	散热器允许偏差	散热器背面与墙内表面距离	3mm	2	2	2	2	2	4	3	2	2	
		与窗中心线或设计定位尺寸	20mm	10	10	15	20	15	10	8	10	15	15	
		散热器垂直度	3mm	2	2	1	1	2	3	1	3	2	1	

施工单位检查评定结果	专业工长（施工员）	×××	施工班组长	×××
	主控项目、一般项目全部合格，符合设计及施工质量验收规范要求			
	项目专业质量检查员：×××		200×年××月××日	

监理（建设）单位验收结论	同意验收 专业监理工程师：××× （建设单位项目专业技术负责人）　　　　　　　　　200×年××月××日

155

三、低温热水地板辐射采暖安装工程检验批质量验收记录表（表5-62）。

低温热水地板辐射采暖安装工程检验批质量验收记录表　　　　表5-62

编号：×××

单位（子单位）工程名称			××工程			
分部（子分部）工程名称			室内采暖		验收部位	首层
施工单位			××建筑工程公司		项目经理	×××
分包单位					分包项目经理	
施工执行标准名称及编号			建筑给水排水及采暖工程施工质量验收规范（GB 50242—2002）			
施工质量验收规范规定			施工单位检查评定记录			监理（建设）单位验收记录
主控项目	1	加热盘管埋地	第8.5.1条	√		符合设计及施工质量验收规范要求，同意验收
	2	加热盘管水压试验	第8.5.2条	√		
	3	加热盘管弯曲的曲率半径	第8.5.3条	√		
一般项目	1	分、集水器规格及安装	设计要求	√		符合设计及施工质量验收规范要求，同意验收
	2	加热盘管安装	第8.5.5条	√		
	3	防潮层、防水层、隔热层、伸缩缝	设计要求	√		
	4	填充层混凝土强度	设计要求	√		
施工单位检查评定结果		专业工长（施工员）		×××	施工班组长	×××
		主控项目、一般项目全部合格，符合设计及施工质量验收规范要求 项目专业质量检查员：×××　　　　　　　　　200×年××月××日				
监理（建设）单位验收结论		同意验收 监理工程师：××× （建设单位项目专业技术负责人）　　　　　　200×年××月××日				

5.5　室外给排水管网工程

5.5.1　质量要求

一、室外给水管网工程

1. 一般规定

（1）本部分适用于民用建筑群（住宅小区）及厂区的室外给水管网安装工程的质量检验与验收。

（2）输送生活给水的管道应采用塑料管、复合管、镀锌钢管或给水铸铁管。塑料管、复合管或给水铸铁管的管材、配件，应是同一厂家的配套产品。

（3）架空或在地沟内敷设的室外给水管道其安装要求按室内给水管道的安装要求执行。塑料管道不得露天架空铺设，必须露天架空铺设时应有保温和防晒等措施。

（4）消防水泵接合器及室外消火栓的安装位置、形式必须符合设计要求。

2. 给水管道安装

（1）主控项目

1）给水管道在埋地敷设时，应在当地的冰冻线以下，如必须在冰冻线以上铺设时，应做可靠的保温防潮措施。在无冰冻地区，埋地敷设时，管顶的覆土埋深不得小于500mm，穿越道路部位的埋深不得小于700mm。

检验方法：现场观察检查。

2）给水管道不得直接穿越污水井、化粪池、公共厕所等污染源。

检验方法：观察检查。

3）管道接口法兰、卡扣、卡箍等应安装在检查井或地沟内，不应埋在土壤中。

检验方法：观察检查。

4）给水系统各种井室内的管道安装，如设计无要求，井壁距法兰或承口的距离：管径小于或等于450mm时，不得小于250mm；管径大于450mm时，不得小于350mm。

检验方法：尺量检查。

5）管网必须进行水压试验，试验压力为工作压力的1.5倍，但不得小于0.6MPa。

检验方法：管材为钢管、铸铁管时，试验压力10min内压力降不应大于0.05MPa，然后降至工作压力进行检查，压力应保持不变，不渗不漏；管材为塑料管时，试验压力下，稳压1h压力降不大于0.05MPa，然后降至工作压力进行检查，压力应保持不变，不渗不漏。

6）镀锌钢管、钢管的埋地防腐必须符合设计要求，如设计无规定时，可按表5-63的规定执行。卷材与管材间应粘贴牢固，无空鼓、滑移、接口不严等。

检验方法：观察和切开防腐层检查。

7）给水管道在竣工后，必须对管道进行冲洗，饮用水管道还要在冲洗后进行消毒，满足饮用水卫生要求。

检验方法：观察冲洗水的浊度，查看有关部门提供的检验报告。

（2）一般项目

1）管道的坐标、标高、坡度应符合设计要求，管道安装的允许偏差应符合表5-64的规定。

管道防腐层种类　　　　　　　　　　　表 5-63

防腐层层次 （从金属表面起）	正常防腐层	加强防腐层	特加强防腐层
1	冷底子油	冷底子油	冷底子油
2	沥青涂层	沥青涂层	沥青涂层
3	外包保护层	加强包扎层	加强保护层
		（封闭层）	（封闭层）
4		沥青涂层	沥青涂层
5		外保护层	加强包扎层
6			（封闭层）
			沥青涂层
7			外包保护层
防腐层厚度不小于/mm	3	6	9

项次	项 目			允许偏差/mm	检验方法
1	坐 标	铸铁管	埋 地	100	拉线和尺量检查
			敷设在沟槽内	50	
		钢管、塑料管、复合管	埋 地	100	
			敷设在沟槽内或架空	40	
2	标 高	铸铁管	埋 地	±50	拉线和尺量检查
			敷设在地沟内	±30	
		钢管、塑料管、复合管	埋 地	±50	
			敷设在地沟内或架空	±30	
3	水平管纵横向弯曲	铸铁管	直段（25m 以上）起点～终点	40	拉线和尺量检查
		钢管、塑料管、复合管	直段（25m 以上）起点～终点	30	

2）管道和金属支架的涂漆应附着良好，无脱皮、起泡、流淌和漏涂等缺陷。

检验方法：现场观察检查。

3）管道连接应符合工艺要求，阀门、水表等安装位置应正确。塑料给水管道上的水表、阀门等设施其重量或启闭装置的扭矩不得作用于管道上，当管径≥50mm 时必须设独立的支承装置。

检验方法：现场观察检查。

4）给水管道与污水管道在不同标高平行敷设，其垂直间距在 500mm 以内时，给水管管径小于或等于 200mm 的，管壁水平间距不得小于 1.5m；管径大于 200mm 的，不得小于 3m。

检验方法：观察和尺量检查。

5）铸铁管承插捻口连接的对口间隙应不小于 3mm，最大间隙不得大于表 5-65 的规定。

铸铁管承插捻口的对口最大间隙（mm） 表 5-65

管 径	沿直线敷设	沿曲线敷设
75	4	5
100～250	5	7～13
300～500	6	14～22

检验方法：尺量检查。

6）铸铁管沿直线敷设，承插捻口连接的环型间隙应符合表 5-66 的规定；沿曲线敷设，每个接口允许有 2°转角。

铸铁管承插捻口的环型间隙（mm） 表 5-66

管径	标准环型间隙	允许偏差
75～200	10	+3 −2
250～450	11	+4 −2
500	12	+4 −2

检验方法：尺量检查。

7）捻口用的油麻填料必须清洁，填塞后应捻实，其深度应占整个环型间隙深度的1/3。

8）捻口用水泥强度应不低于32.5MPa，接口水泥应密实饱满，其接口水泥面凹入承口边缘的深度不得大于2mm。

检验方法：观察和尺量检查。

9）采用水泥捻口的给水铸铁管，在安装地点有侵蚀性的地下水时，应在接口处涂抹沥青防腐层。

检验方法：观察检查。

10）采用橡胶圈接口的埋地给水管道，在土壤或地下水对橡胶圈有腐蚀的地段，在回填土前应用沥青胶泥、沥青麻丝或沥青锯末等材料封闭橡胶圈接口。橡胶圈接口的管道，每个接口的最大偏转角不得超过表5-67的规定。

橡胶圈接口最大允许偏转角　　　　　表5-67

公称直径/mm	100	125	150	200	250	300	350	400
允许偏转角度	5°	5°	5°	5°	4°	4°	4°	3°

检验方法：观察和尺量检查。

3. 消防水泵接合器及室外消火栓安装

（1）主控项目

1）系统必须进行水压试验，试验压力为工作压力的1.5倍，但不得小于0.6MPa。

检验方法：试验压力下，10min内压力降不大于0.05MPa，然后降至工作压力进行检查，压力保持不变，不渗不漏。

2）消防管道在竣工前，必须对管道进行冲洗。

检验方法：观察冲洗出水的浊度。

3）消防水泵接合器和消火栓的位置标志应明显，栓口的位置应方便操作。消防水泵接合器和室外消火栓当采用墙壁式时，如设计未要求，进、出水栓口的中心安装高度距地面应为1.10m，其上方应设有防坠落物打击的措施。

检验方法：观察和尺量检查。

（2）一般项目

1）室外消火栓和消防水泵接合器的各项安装尺寸应符合设计要求，栓口安装高度允许偏差为±20mm。

检验方法：尺量检查。

2）地下式消防水泵接合器顶部进水口或地下式消火栓的顶部出水口与消防井盖底面的距离不得大于400mm，井内应有足够的操作空间，并设爬梯。寒冷地区井内应做防冻保护。

检验方法：观察和尺量检查。

3）消防水泵接合器的安全阀及止回阀安装位置和方向应正确，阀门启闭应灵活。

检验方法：现场观察和手扳检查。

4. 管沟及井室

（1）主控项目

1）管沟的基层处理和井室的地基必须符合设计要求。

2）各类井室的井盖应符合设计要求，应有明显的文字标识，各种井盖不得混用。

检验方法：现场观察检查。

3）设在通车路面下或小区道路下的各种井室，必须使用重型井圈和井盖，井盖上表面应与路面相平，允许偏差为±5mm。绿化带上和不通车的地方可采用轻型井圈和井盖，井盖的上表面应高出地坪50mm，并在井口周围以2‰的坡度向外做水泥砂浆护坡。

4）重型铸铁或混凝土井圈，不得直接放在井室的砖墙上，砖墙上应做不少于80mm厚的细石混凝土垫层。

检验方法：观察和尺量检查。

（2）一般项目

1）管沟的坐标、位置、沟底标高应符合设计要求。

检验方法：观察、尺量检查。

2）管沟的沟底层应是原土层，或是夯实的回填土，沟底应平整，坡度应顺畅，不得有尖硬的物体、块石等。

检验方法：观察检查。

3）如沟基为岩石、不易清除的块石或为砾石层时，沟底应下挖100～200mm，填铺细砂或粒径不大于5mm的细土，夯实到沟底标高后，方可进行管道敷设。

检验方法：观察和尺量检查。

4）管沟回填土，管顶上部200mm以内应用砂子或无块石及冻土块的土，并不得用机械回填；管顶上部500mm以内不得回填直径大于100mm的块石和冻土块；500mm以上部分回填土中的块石或冻土块不得集中。上部用机械回填时，机械不得在管沟上行走。

检验方法：观察和尺量检查。

5）井室的砌筑应按设计或给定的标准图施工。井室的底标高在地下水位以上时，基层应为素土夯实；在地下水位以下时，基层应打100mm厚的混凝土底板。砌筑应采用水泥砂浆，内表面抹灰后应严密不透水。

检验方法：观察和尺量检查。

6）管道穿过井壁处，应用水泥砂浆分两次填塞严密、抹平，不得渗漏。

检验方法：观察检查。

二、室外排水管网工程

1. 一般要求

（1）室外排水管道应采用混凝土管、钢筋混凝土管、排水铸铁管或塑料管。其规格及质量必须符合现行国家标准及设计要求。

（2）排水管沟及井池的土方工程、沟底的处理、管道穿井壁处的处理、管沟及井池周围的回填要求等，均参照给水管沟及井室的规定执行。

（3）各种排水井、池应按设计给定的标准图施工，各种排水井和化粪池均应用混凝土做底板（雨水井除外），厚度不小于100mm。

2. 排水管道安装

（1）主控项目

1）排水管道的坡度必须符合设计要求。严禁无坡或倒坡。

检验方法：用水准仪、拉线和尺量检查。

2）管道埋设前必须做灌水试验和通水试验，排水应畅通，无堵塞，管接口无渗漏。

检验方法：按排水检查井分段试验，试验水头应以试验段上游管顶加1m，时间不少于30min，逐段观察。

（2）一般项目

1）管道的坐标和标高应符合设计要求，安装的允许偏差应符合表5-68的规定。

室外排水管道安装的允许偏差和检验方法　　　　　　　表 5-68

项次	项	目	允许偏差/mm	检验方法
1	坐 标	埋 地	100	拉线尺量
		敷设在沟槽内	50	
2	标 高	埋 地	±20	用水平仪、拉线和尺量
		敷设在沟槽内	±20	
3	水平管道纵横向弯曲	每5m长	10	拉线尺量
		全长（两井间）	30	

2）排水铸铁管采用水泥捻口时，油麻填塞应密实，接口水泥应密实饱满，其接口面凹入承口边缘且深度不得大于2mm。

检验方法：观察和尺量检查。

3）排水铸铁管外壁在安装前应除锈，涂两遍石油沥青漆。

4）承插接口的排水管道安装时，管道和管件的承口应与水流方向相反。

检验方法：观察检查。

5）混凝土管或钢筋混凝土管采用抹带接口时，应符合下列规定：

① 抹带前应将管口的外壁凿毛，扫净，当管径小于或等于500mm时，抹带可一次完；当管径大于500mm时，应分二次抹成，抹带不得有裂纹。

② 钢丝网应在管道就位前放入下方，抹压砂浆时应将钢丝网抹压牢固，钢丝网不得外露。

③ 抹带厚度不得小于管壁的厚度，宽度宜为80～100mm。

检验方法：观察和尺量检查。

3. 排水管沟及井池

（1）主控项目

1）沟基的处理和井池的底板强度必须符合设计要求。

检验方法：现场观察和尺量检查，检查混凝土强度报告。

2）排水检查井、化粪池的底板及进、出水管的标高，必须符合设计，其允许偏差为±15mm。

检验方法：用水准仪及尺量检查。

（2）一般项目

1）井、池的规格、尺寸和位置应正确，砌筑和抹灰符合要求。

2）井盖选用应正确，标志应明显，标高应符合设计要求。

检查方法：观察、尺量检查。

5.5.2 质量验收填写范例

一、室外给水管网工程

1. 室外给水管道安装工程检验批质量验收记录表（表 5-69）。

室外给水管道安装工程检验批质量验收记录表　　　　表 5-69

编号：×××

单位（子单位）工程名称			××工程									
分部（子分部）工程名称			室外给水管道					验收部位		室外		
施工单位			××建筑工程公司					项目经理		×××		
分包单位								分包项目经理				
施工执行标准名称及编号			建筑给水排水及采暖工程施工质量验收规范（GB 50242—2002）									

	施工质量验收规范规定				施工单位检查评定记录									监理（建设）单位验收记录
主控项目	1	埋地管道覆土深度		第9.2.1条	√									符合设计及施工质量验收规范要求，同意验收
	2	给水管道不得直接穿越污染源		第9.2.2条	√									
	3	管道上可拆和易腐件，不埋在土中		第9.2.3条	√									
	4	管井内安装与井壁的距离		第9.2.4条	√									
	5	管道的水压试验		第9.2.5条	√									
	6	埋地管道的防腐		第9.2.6条	√									
	7	管道冲洗和消毒		第9.2.7条	√									
一般项目	1	管道和支架的涂漆		第9.2.9条	√									符合设计及施工质量验收规范要求，同意验收
	2	阀门、水表安装位置		第9.2.10条	√									
	3	给水与污水管平行铺设的最小间距		第9.2.11条	√									
	4	管道连接应符合规范要求		第9.2.12条、9.2.13条、9.2.14条、9.2.15条、9.2.16条、9.2.17条	√									

一般项目 5　管道安装允许偏差：

				检查评定记录									
坐标	铸铁管	埋地	100mm										
		敷设在沟槽内	50mm										
	钢管、塑料管、复合管	埋地	100mm										
		敷沟内或架空	40mm	40	30	40	40	40	30	40	40	40	40
标高	铸铁管	埋地	±50mm										
		敷设在沟槽内	±30mm										
	钢管、塑料管、复合管	埋地	±50mm										
		敷沟内或架空	±30mm	+15	-10	+20	-20	+30	-10	+20	+15	-10	+20
水平管纵横向弯曲	铸铁管	直段（25m以上）起点～终点	40mm										
	钢管、塑料管、复合管	直段（25m以上）起点～终点	30mm	20	25	15	10	30	25	20	15	30	15

施工单位检查评定结果	专业工长（施工员）	×××	施工班组长	×××
	主控项目、一般项目全部合格，符合设计及施工质量验收规范要求			
	项目专业质量检查员：×××		200×年××月××日	
监理（建设）单位验收结论	同意验收			
	监理工程师：×××			
	（建设单位项目专业技术负责人）		200×年××月××日	

2. 消防水泵结合器及消火栓安装工程检验批质量验收记录表（表 5-70）。

消防水泵结合器及消火栓安装工程检验批质量验收记录表

表 5-70

编号：×××

单位（子单位）工程名称			××工程										
分部（子分部）工程名称			室外给水					验收部位			首层		
施工单位			××建筑工程公司					项目经理			×××		
分包单位								分包项目经理					
施工执行标准名称及编号			建筑给水排水及采暖工程施工质量验收规范（GB 50242—2002）										

		施工质量验收规范规定		施工单位检查评定记录									监理（建设）单位验收记录
主控项目	1	系统水压试验	第9.3.1条	√									符合设计及施工质量验收规范要求，同意验收
	2	管道冲洗	第9.3.2条	√									
	3	消防水泵结合器和室外消火栓位置标识	第9.3.3条	√									
一般项目	1	地下式消防水泵接合器、消火栓安装	第9.3.5条	√									符合设计及施工质量验收规范要求，同意验收
	2	阀门安装应方向正确，启闭灵活	第9.3.6条	√									
	3	室外消火栓和消防水泵结合器安装尺寸，检口安装高度允许偏差	±20m	+5	+10	+12	−12	+15	−12	−10	+10	+10	−9	

	专业工长（施工员）	×××		施工班组长	×××
施工单位检查评定结果	主控项目、一般项目全部合格，符合设计及施工质量验收规范要求 项目专业质量检查员：×××　　　　　　　　　　　　　　200×年××月××日				
监理（建设）单位验收结论	同意验收 监理工程师：××× （建设单位项目专业技术负责人）　　　　　　　　　　200×年××月××日				

3. 管沟及井室检验批工程质量验收记录表（表5-71）。

管沟及井室检验批工程质量验收记录表

表5-71

单位（子单位）工程名称			××工程			
分部（子分部）工程名称			给水管道		验收部位	室外管沟
施工单位			××建筑工程公司		项目经理	×××
分包单位					分包项目经理	
施工执行标准名称及编号			建筑给水排水及采暖工程施工质量验收规范（GB 50242—2002）			
		施工质量验收规范规定		施工单位检查评定记录		监理（建设）单位验收记录
主控项目	1	管沟的基层处理和井室的地基	设计要求	√		符合设计及施工质量验收规范要求，同意验收
	2	各类井盖的标识应清楚，使用正确	第9.4.2条	√		
	3	通车路面上的各类井盖安装	第9.4.3条	√		
	4	重型井圈与墙体结合部处理	第9.4.4条	√		
一般项目	1	管沟及各类井室的坐标，沟底标高	设计要求	√		符合设计及施工质量验收规范要求，同意验收
	2	管沟的回填要求	第9.4.6条	√		
	3	管沟岩石基底要求	第9.4.7条	√		
	4	管沟回填的要求	第9.4.8条	√		
	5	井室内施工要求	第9.4.9条	√		
	6	井室内应严密，不透水	第9.4.10条	√		
		专业工长（施工员）		×××	施工班组长	×××
施工单位检查评定结果		主控项目、一般项目全部合格，符合设计及施工质量验收规范要求 项目专业质量检查员：×××　　　　　　　　　　　200×年××月××日				
监理（建设）单位验收结论		同意验收 监理工程师：××× （建设单位项目专业技术负责人）　　　　　　　　　　200×年××月××日				

二、室外排水管网工程

1. 室外排水管道安装工程检验批质量验收记录表（表5-72）。

室外排水管道安装工程检验批质量验收记录表

表 5-72

编号：×××

单位（子单位）工程名称			×× 工程												
分部（子分部）工程名称			室外排水							验收部位					
施工单位			×× 建筑工程公司							项目经理		×××			
分包单位										分包项目经理					
施工执行标准名称及编号			建筑给水排水及采暖工程施工质量验收规范（GB 50242—2002）												

施工质量验收规范规定					施工单位检查评定记录										监理（建设）单位验收记录
主控项目	1	管道坡度符合设计要求、严禁无坡和倒坡		设计要求	√										符合设计及施工质量验收规范要求，同意验收
	2	灌水试验和通水试验		第10.2.2条	√										
一般项目	1	排水铸铁管的水泥捻口		第10.2.4条	√										符合设计及施工质量验收规范要求，同意验收
	2	排水铸铁管，除锈、涂漆		第10.2.5条	√										
	3	承插接口安装方向		第10.2.6条	√										
	4	混凝土管或钢筋混凝土管抹带接口的要求		第10.2.7条	√										
	5	允许偏差	坐标 埋地	100mm											
			坐标 敷设在沟槽内	50mm	20	40	30	50	10	40	30	40	40	20	
			标高 埋地	±20mm											
			标高 敷设在沟槽内	±20mm	+10	+5	−10	+12	+8	+20	−10	−8	+15	+15	
			水平管道纵横向弯曲 第5m长	10mm	5	5	6	7	4	4	3	2	4	6	
			水平管道纵横向弯曲 全长（两井间）	30mm	15	20	20	15	20	10	15	20	25	25	

施工单位检查评定结果	专业工长（施工员）	×××		施工班组长	×××
	主控项目、一般项目全部合格，符合设计及施工质量验收规范要求 项目专业质量检查员：×××　　　　　　　　　　　　　200×年××月××日				

监理（建设）单位验收结论	同意验收 监理工程师：××× （建设单位项目专业技术负责人）　　　　　　　　　　　200×年××月××日

165

2. 室外排水管沟及井池工程检验批质量验收记录表（表5-73）。

室外排水管沟及井池工程检验批质量验收记录表　　　　　　表 5-73

单位（子单位）工程名称			××工程			
分部（子分部）工程名称			室外排水		验收部位	室外
施工单位			××建筑工程公司		项目经理	×××
分包单位					分包项目经理	
施工执行标准名称及编号			建筑给水排水及采暖工程施工质量验收规范（GB 50242—2002）			
		施工质量验收规范规定		施工单位检查评定记录		监理（建设）单位验收记录
主控项目	1	沟基的处理和井池的底板	设计要求	✓		符合设计及施工质量验收规范要求，同意验收
	2	检查井、化粪池的底板及进出口水管	设计要求	✓		
一般项目	1	井池的规格，尺寸和位置砌筑、抹灰	第10.3.3条	✓		符合设计及施工质量验收规范要求，同意验收
	2	井盖标识、选用正确	第10.3.4条	✓		
施工单位检查评定结果		专业工长（施工员）		×××	施工班组长	×××
		主控项目、一般项目全部合格，符合设计及施工质量验收规范要求 项目专业质量检查员：×××　　　　　　　　　　　200×年××月××日				
监理（建设）单位验收结论		同意验收 监理工程师：××× （建设单位项目专业技术负责人）　　　　　　　　　200×年××月××日				

5.6　室外供热管网工程

5.6.1　质量要求

一、一般规定

（1）本部分内容适用于厂区及民用建筑群（住宅小区）的饱和蒸汽压力不大于0.7MPa、热水温度不超过130℃的室外供热管网安装工程的质量检验与验收。

（2）供热管网的管材应按设计要求。当设计未注明时，应符合下列规定：

1）管径小于或等于40mm时，应使用焊接钢管。

2）管径为50～200mm时，应使用焊接钢管或无缝钢管。

3）管径大于200mm时应使用螺旋焊接钢管。

（3）室外供热管道连接均应采用焊接连接。

二、管道及配件安装

1. 主控项目

(1) 平衡阀及调节阀型号、规格及公称压力应符合设计要求。安装后应根据系统要求进行调试，并做出标志。

检验方法：对照设计图纸及产品合格证，并现场观察调试结果。

(2) 直埋无补偿供热管道预热伸长及三通加固应符合设计要求。回填前应注意检查预制保温层外壳及接口的完好性。回填应按设计要求进行。

检验方法：回填前现场验核和观察。

(3) 补偿器的位置必须符合设计要求，并应按设计要求或产品说明书进行预拉伸。管道固定支架的位置和构造必须符合设计要求。

检验方法：对照图纸，并查验预拉伸记录。

(4) 检查井室、用户入口处管道布置应便于操作及维修，支、吊、托架稳固，并满足设计要求。

检验方法：对照图纸，观察检查。

(5) 直埋管道的保温应符合设计要求，接口在现场发泡时，接头处厚度应与管道保温层厚度一致，接头处保护层必须与管道保护层成一体，符合防潮防水要求。

检验方法：对照图纸，观察检查。

2. 一般项目

(1) 管道水平敷设其坡度应符合设计要求。

检验方法：对照图纸，用水准仪（水平尺）、拉线和尺量检查。

(2) 除污器构造应符合设计要求，安装位置和方向应正确。管网冲洗后应清除内部污物。

检验方法：打开清扫口检查。

(3) 室外供热管道安装的允许偏差应符合表 5-74 的规定。

室外供热管道安装的允许偏差和检验方法　　　　　　　表 5-74

项次	项　　　目			允许偏差/mm	检验方法
1	坐标/mm		敷设在沟槽内及架空	20	用水准仪（水平尺）、直尺、拉线检查
			埋　地	50	
2	标高/mm		敷设在沟槽内及架空	±10	尺量检查
			埋　地	±15	
3	水平管道纵、横方向弯曲/mm	每 1m	管径≤100	1	用水准仪（水平尺）直尺、拉线和尺量检查
			管径>100	1.5	
		全长（25m 以上）	管径≤100	≥13	
			管径>100	≥25	
4	弯管	椭圆率 $\dfrac{D_{max}-D_{min}}{D_{max}}$	管径≤100	8%	用外卡钳和尺量检查
			管径>100	5%	
		折皱平面度/mm	管径≤100	4	
			管径 125~200	5	
			管径 250~400	7	

167

(4) 管道焊口的允许偏差应符合表 5-17 的规定。

(5) 管道及管件焊接的焊缝表面质量应符合下列规定：

1) 焊缝外形尺寸应符合图纸和工艺文件的规定，焊缝高度不得低于母材表面，焊缝与母材应圆滑过渡。

2) 焊缝及热影响区表面应无裂纹、未熔合、未焊透、夹渣、弧坑和气孔等缺陷。

检验方法：观察检查。

(6) 供热管道的供水管或蒸汽管，如设计无规定时，应敷设在载热介质前进方向的右侧或上方。

检验方法：对照图纸，观察检查。

(7) 地沟内的管道安装位置，其净距（保温层外表面）应符合下列规定：

与沟壁 100～150mm，与沟底 100～200mm，与沟顶 50～100mm（不通行地沟）或 200～300mm（半通行和通行地沟）。

检验方法：尺量检查。

(8) 架空敷设的供热管道安装高度，如设计无规定时，应符合下列规定（以保温层外表面计算）。

人行地区，不小于 2.5m；通行车辆地区，不小于 4.5m；跨越铁路，距轨顶不小于 6m。

检验方法：尺量检查。

(9) 防锈漆的厚度应均匀，不得有脱皮、起泡、流淌和漏涂等缺陷。

检验方法：保温前观察检查。

(10) 管道保温层的厚度和平整度的允许偏差应符合表 5-10 的规定。

三、系统水压试验及调试

主控项目：

(1) 供热管道的水压试验压力应为工作压力的 1.5 倍，但不得小于 0.6MPa。

检验方法：在试验压力下 10min 内压力降不大于 0.05MPa，然后降至工作压力下检查，不渗不漏。

(2) 管道试压合格后，应进行冲洗。

检验方法：现场观察，以水色不浑浊为合格。

(3) 管道冲洗完毕应通水、加热，进行试运行和调试。当不具备加热条件时，应延期进行。

检验方法：测量各建筑物热力入口处供回水温度及压力。

(4) 供热管道作水压试验时，试验管道上的阀门应开启，试验管道与非试验管道应隔断。

检验方法：开启和关闭阀门检查。

5.6.2 质量验收填写范例

室外供热管道及配件安装工程检验批质量验收记录表（表 5-75）：

室外供热管道及配件安装工程检验批质量验收记录表　　表 5-75

编号：×××

单位（子单位）工程名称				×× 工程										
分部（子分部）工程名称				室外供热						验收部位		室外		
施工单位				×× 建筑工程公司						项目经理		×××		
分包单位										分包项目经理				
施工执行标准名称及编号				建筑给水排水及采暖工程施工质量验收规范（GB 50242—2002）										

		施工质量验收规范规定			施工单位检查评定记录									监理（建设）单位验收记录
主控项目	1	平衡阀及调节阀安装位置及调试		设计要求	√									符合设计及施工质量验收规范要求，同意验收
	2	直埋无补偿供热管道预热伸长及三通加固		设计要求	√									
	3	补偿器位置和预拉伸。支架位置和构造		设计要求	√									
	4	检查井、入口管道布置方便操作维修		第11.2.4条	√									
	5	直埋管道及接口现场发泡保温处理		第11.2.5条	√									
	6	管道系统的水压试验		第11.3.1条，11.3.4条	√									
	7	管道冲洗		第11.3.2条	√									
	8	通热试运行调试		第11.3.3条	√									
一般项目	1	管道的坡度			设计要求	√								符合设计及施工质量验收规范要求，同意验收
	2	除污器构造、安装位置			第11.2.7条	√								
	3	管道的焊接			第11.2.9条，11.2.10条	√								
	4	管道安装对应位置尺寸			第11.2.11条，11.2.12条，11.2.13条	√								
	5	管道防腐应符合规范			第11.2.14条	√								
	6	安装允许偏差	坐标（mm）	敷设在沟槽内及架空	20	15	10	15	12	13	18			
				埋地	50									
			标高（mm）	敷设在沟槽内及架空	±50	+10	+20	−20	−15	+30	−20			
				埋地	±15									
			水平管道纵、横方向弯曲（mm）	每米 管径≤100mm	1	1	0	0	1	1	0			
				每米 管径>100mm	1.5									
				全长（25mm）管径≤100mm	≯13	6	6	7	8	7	8			
				全长（25mm）管径>100mm	≯25									
			椭圆率	管径≤100mm	8%	6%	5%	4%	8%	8%	6%			
				管径>100mm	5%									
			折皱不平度（mm）	管径≤100mm	4	2	2	3	1	2				
				管径125～200mm	5									
				管径250～400mm	7									
	7	管道保温允许偏差（mm）	厚度		+0.1δ，−0.05δ	+1	+2	−1	+1	+1	+2			
			表面平整度	卷材	5	3	2	2	1	4	5			
				涂抹	10									

施工单位检查评定结果	专业工长（施工员）	×××	施工班组长	×××
	主控项目、一般项目全部合格，符合设计及施工质量验收规范要求			
	项目专业质量检查员：×××		200×年××月××日	
监理（建设）单位验收结论	同意验收			
	监理工程师：×××			
	（建设单位项目专业技术负责人）		200×年××月××日	

5.7 建筑中水系统及游泳池水系统工程

5.7.1 质量要求

一、一般规定

1. 中水系统中的原水管道管材及配件要求按 5.1.1 节中"二、室内排水系统工程"执行。

2. 中水系统给水管道及排水管道检验标准按 5.1.1 节中"一、室内给水系统工程"和"二、室内排水系统工程"的规定执行。

3. 游泳池排水系统安装、检验标准等按 5.1.1 节中"二、室内排水系统工程"的相关规定执行。

4. 游泳池水加热系统安装、检验标准等均按 5.2.1 节的相关规定执行。

二、建筑中水系统管道及辅助设备安装

1. 主控项目

(1) 中水高位水箱应与生活高位水箱分设在不同的房间内,如条件不允许只能设在同一房间时,与生活高位水箱的净距离应大于 2m。

检验方法:观察和尺量检查。

(2) 中水给水管道不得装设取水水嘴。便器冲洗宜采用密闭型设备和器具。绿化、浇洒、汽车冲洗宜采用壁式或地下式的给水栓。

检验方法:观察检查。

(3) 中水供水管道严禁与生活饮用水给水管道连接,并应采取下列措施:

1) 中水管道外壁应涂浅绿色标志。

2) 中水池(箱)、阀门、水表及给水栓均应有"中水"标志。

检验方法:观察检查。

(4) 中水管道不宜暗装于墙体和楼板内。如必须暗装于墙槽内时,必须在管道上有明显且不会脱落的标志。

检验方法:观察检查。

2. 一般项目

(1) 中水给水管道管材及配件应采用耐腐蚀的给水管材及附件。

检验方法:观察检查。

(2) 中水管道与生活饮用水管道、排水管道平行埋设时,其水平净距离不得小于 0.5m;交叉埋设时,中水管道应位于生活饮用水管道下面,排水管道的上面,其净距离不应小于 0.15m。

检验方法:观察和尺量检查。

三、游泳池水系统安装

1. 主控项目

(1) 游泳池的给水口、回水口、泄水口应采用耐腐蚀的铜、不锈钢、塑料等材料制造。溢流槽、格栅应为耐腐蚀材料制造,并为组装型。安装时其外表面应与池壁或池底面相平。

检验方法：观察检查。

（2）游泳池的毛发聚集器应采用铜或不锈钢等耐腐蚀材料制造，过滤筒（网）的孔径应不大于 3mm，其面积应为连接管截面积的 1.5～2 倍。

检验方法：观察和尺量计算方法。

（3）游泳池地面，应采取有效措施防止冲洗排水流入池内。

检验方法：观察检查。

2. 一般项目

（1）游泳池循环水系统加药（混凝剂）的药品溶解池、溶液池及定量投加设备应采用耐腐蚀材料制作。输送溶液的管道应采用塑料管、胶管或铜管。

检验方法：观察检查。

（2）游泳池的浸脚、浸腰，消毒池的给水管、投药管、溢流管、循环管和泄空管应采用耐腐蚀材料制成。

检验方法：观察检查。

5.7.2 质量验收填写范例

建筑中水系统及游泳池水系统安装工程检验批质量验收记录表（表 5-76）：

建筑中水系统及游泳池水系统安装工程检验批质量验收记录表　　表 5-76

编号：××××

单位（子单位）工程名称			××工程			
分部（子分部）工程名称			中水系统		验收部位	
施工单位			××建筑工程公司		项目经理	×××
分包单位					分包项目经理	
施工执行标准名称及编号			建筑给水排水及采暖工程施工质量验收规范（GB 50242—2002）			
施工质量验收规范规定				施工单位检查评定记录		监理（建设）单位验收记录
主控项目	1	中水水箱设置	第12.2.1条	√		符合设计及施工质量验收规范要求，同意验收
	2	中水管道上装设用水器	第12.2.2条	√		
	3	中水管道严禁与生活饮用水管道连接	第12.2.3条	√		
	4	管道暗装时的要求	第12.2.4条	√		
	5	游泳池给水配件材质	第12.3.1条	√		
	6	游泳池毛发采集集器过度网	第12.3.2条	√		
	7	游泳池地面应采取措施防止冲洗排水流入地内	第12.3.3条	√		
一般项目	1	中水管道及配件材质	第12.2.5条	√		符合设计及施工质量验收规范要求，同意验收
	2	中不管道与其他管道平行交叉铺设的净距	第12.2.6条	√		
	3	游泳池加药、消毒设备及管材	第12.3.4条，12.3.5条	√		
施工单位检查评定结果		专业工长（施工员）		×××	施工班组长	×××
		主控项目、一般项目全部合格，符合设计及施工质量验收规范要求 项目专业质量检查员：×××　　　　　　　　　　　　200×年××月××日				
监理（建设）单位验收结论		同意验收 监理工程师：××× （建设单位项目专业技术负责人）　　　　　　　　　　200×年××月××日				

171

5.8 供热锅炉及辅助设备安装工程

5.8.1 质量要求

一、一般要求

（1）本部分适用于建筑供热和生活热水供应的额定压力不大于1.25MPa、热水温度不超过130℃的整装蒸汽和热水锅炉及辅助设备安装工程的质量检验与验收。

（2）适用于本部分的整装锅炉及辅助设备安装工程的质量检验与验收，除应按本节以下质量要求执行外，尚应符合现行国家有关规范、规程和标准的规定。

（3）管道、设备和容器的保温，应在防腐和水压试验合格后进行。

（4）保温的设备和容器，应采用粘接保温钉固定保温层，其间距一般为200mm，当需要采用焊接勾钉固定保温层时，其间距一般为250mm。

二、锅炉安装

1. 主控项目

（1）锅炉设备基础的混凝土强度必须达到设计要求，基础的坐标、标高、几何尺寸和螺栓孔位置应符合表5-77的规定。

锅炉及辅助设备基础的允许偏差和检验方法　　　　　　　　表5-77

项次	项　　目		允许偏差/mm	检　验　方　法
1	基础坐标位置		20	经纬仪、拉线和尺量
2	基础各不同平面的标高		0，−20	水准仪、拉线和尺量
3	基础平面外形尺寸		20	尺量检查
4	凸台上平面尺寸		0，−20	
5	凹穴尺寸		+20，0	
6	基础上平面水平度	每　米	5	水平仪（水平尺）和楔形塞尺检查
		全　长	10	
7	竖向偏差	每　米	5	经纬仪或吊线和尺量
		全　高	10	
8	预埋地脚螺栓	标高（顶端）	+20，0	水准仪、拉线和尺量
		中心距（根部）	2	
9	预留地脚螺栓孔	中心位置	10	尺量
		深　度	−20，0	
		孔壁垂直度	10	吊线和尺量
10	预埋活动地脚螺栓锚板	中心位置	5	拉线和尺量
		标　高	+20，0	
		水平度（带槽锚板）	5	水平尺和楔形塞尺检查
		水平度（带螺纹孔锚板）	2	

（2）非承压锅炉，应严格按设计或产品说明书的要求施工。锅筒顶部必须敞口或装设大气连通管，连通管上不得安装阀门。

检验方法：对照设计图纸或产品说明书检查。

（3）以天然气为燃料的锅炉的天然气释放管或大气排放管不得直接通向大气，应通向贮存或处理装置。

检验方法：对照设计图纸检查。

（4）两台或两台以上燃油锅炉共用一个烟囱时，每一台锅炉的烟道上均应配备风阀或挡板装置，并应具有操作调节和闭锁功能。

检验方法：观察和手扳检查。

（5）锅炉的锅筒和水冷壁的下集箱及后棚管的后集箱的最低处排污阀及排污管道不得采用螺纹连接。

检验方法：观察检查。

（6）锅炉的汽、水系统安装完毕后，必须进行水压试验。水压试验的压力应符合表5-78的规定。

水压试验压力规定　　　　　　　　　　　表 5-78

项次	设备名称	工作压力 P/MPa	试验压力/MPa
1	锅炉本体	$P<0.59$	$1.5P$ 但不小于 0.2
		$0.59{\leqslant}P{\leqslant}1.18$	$P+0.3$
		$P>1.18$	$1.25P$
2	可分式省煤器	P	$1.25P+0.5$
3	非承压锅炉	大气压力	0.2

注：1　工作压力 P 对蒸汽锅炉指锅筒工作压力，对热水锅炉指锅炉额定出水压力。

　　2　铸铁锅炉水压试验同热水锅炉。

　　3　非承压锅炉水压试验压力为 0.2MPa，试验期间压力应保持不变。

检验方法：

1）在试验压力下 10min 内压力降不超过 0.02MPa；然后降至工作压力进行检查，压力不降，不渗，不漏。

2）观察检查，不得有残余变形，受压元件金属壁和焊缝上不得有水珠和水雾。

（7）机械炉排安装完毕后应做冷态运转试验，连续运转时间不应少于 8h。

检验方法：观察运转试验全过程。

（8）锅炉本体管道及管件焊接的焊缝质量应符合下列规定：

1）焊缝表面质量应符合 5.6.1 节中"二、管道及配件安装"的一般项目第（5）条的规定。

2）管道焊口尺寸的允许偏差应符合表 5-17 的规定。

3）无损探伤的检测结果应符合锅炉本体设计的相关要求。

检验方法：观察和检验无损探伤检测报告。

2. 一般项目

（1）锅炉安装的坐标、标高、中心线和垂直度的允许偏差应符合表 5-79 的规定。

锅炉安装的允许偏差和检验方法　　　　　　　　　表 5-79

项次	项　　　目		允许偏差/mm	检验方法
1	坐　标		10	经纬仪、拉线和尺量
2	标　高		±5	水准仪、拉线和尺量
3	中心线垂直度	卧式锅炉炉体全高	3	吊线和尺量
		立式锅炉炉体全高	4	吊线和尺量

（2）组装链条炉排安装的允许偏差应符合表 5-80 的规定。

组装链条炉排安装的允许偏差和检验方法　　　　　　　　　　表 5-80

项次	项　　目		允许偏差/mm	检 验 方 法
1	炉排中心位置		2	经纬仪、拉线和尺量
2	墙板的标高		±5	水准仪、吊线和尺量
3	墙板的垂直度，全高		3	吊线和尺量
4	墙板间两对角线的长度之差		5	钢丝线和尺量
5	墙板框的纵向位置		5	经纬仪、拉线和尺量
6	墙板顶面的纵向水平度		长度 1/1000 且≤5	拉线、水平尺和尺量
7	墙板间的距离	跨距≤2m	+3 0	钢丝线和尺量
		跨距＞2m	+5 0	
8	两墙板的顶面在同一水平面上相对高差		5	水准仪、吊线和尺量
9	前轴、后轴的水平度		长度 1/1000	拉线、水平尺和尺量
10	前轴和后轴的轴心线相对标高差		5	水准仪、吊线和尺量
11	各轨道在同一水平面上的相对高差		5	水准仪、拉线和尺量
12	相邻两轨道间的距离		±2	钢丝线和尺量

（3）往复炉排安装的允许偏差应符合表 5-81 的规定。

往复炉排安装的允许偏差和检验方法　　　　　　　　　　表 5-81

项次	项　　目		允许偏差/mm	检 验 方 法
1	两侧板的相对标高		3	水准仪、吊线和尺量
2	两侧板间距离	跨距≤2m	+3 0	钢丝线和尺量
		跨距＞2m	+4 0	
3	两侧板的垂直度，全高		3	吊线和尺量
4	两侧板间对角线的长度之差		5	钢丝线和尺量
5	炉排片的纵向间隙		1	钢板尺量
6	炉排两侧的间隙		2	

（4）铸铁省煤器破损的肋片数不应大于总肋片数的 5%，有破损肋片的根数不应大于总根数的 10%。铸铁省煤器支承架安装的允许偏差应符合表 5-82 的规定。

铸铁省煤器支承架安装的允许偏差和检验方法　　　　　　　　　　表 5-82

项次	项　　目	允许偏差/mm	检 验 方 法
1	支承架的位置	3	经纬仪、拉线和尺量
2	支承架的标高	0 -5	水准仪、吊线和尺量
3	支承架的纵、横向水平度（每米）	1	水平尺和塞尺检查

（5）锅炉本体安装应按设计或产品说明书要求布置坡度并坡向排污阀。

检验方法：用水平尺或水准仪检查。

（6）锅炉由炉底送风的风室及锅炉底座与基础之间必须封、堵严密。

检验方法：观察检查。

（7）省煤器的出口处（或入口处）应按设计或锅炉图纸要求安装阀门和管道。

检验方法：对照设计图纸检查。

（8）电动调节阀门的调节机构与电动执行机构的转臂应在同一平面内动作，传动部分应灵活、无空行程及卡阻现象，其行程及伺服时间应满足使用要求。

检验方法：操作时观察检查。

三、辅助设备及管道安装

1. 主控项目

（1）辅助设备基础的混凝土强度必须达到设计要求，基础的坐标、标高、几何尺寸和螺栓孔位置必须符合表 5-77 的规定。

（2）风机试运转，轴承温升应符合下列规定：

1）滑动轴承温度最高不得超过 60℃。

2）滚动轴承温度最高不得超过 80℃。

检验方法：用温度计检查。

轴承径向单振幅应符合下列规定：

1）风机转速小于 1000r/min 时，不应超过 0.10mm。

2）风机转速为 1000～1450r/min 时，不应超过 0.08mm。

检验方法：用测振仪表检查。

（3）分汽缸（分水器、集水器）安装前应进行水压试验，试验压力为工作压力的 1.5 倍，但不得小于 0.6MPa。

检验方法：试验压力下 10min 内无压降、无渗漏。

（4）敞口箱、罐安装前应做满水试验；密闭箱、罐应以工作压力的 1.5 倍做水压试验，但不得小于 0.4MPa。

检验方法：满水试验满水后静置 24h 不渗不漏；水压试验在试验压力下 10min 内无压降，不渗不漏。

（5）地下直埋油罐在埋地前应做气密性试验，试验压力降不应小于 0.03MPa。

检验方法：试验压力下观察 30min 不渗、不漏，无压降。

（6）连接锅炉及辅助设备的工艺管道安装完毕后，必须进行系统的水压试验，试验压力为系统中最大工作压力的 1.5 倍。

检验方法：在试验压力 10min 内压力降不超过 0.05MPa，然后降至工作压力进行检查，不渗不漏。

（7）各种设备的主要操作通道的净距如设计不明确时不应小于 1.5m，辅助的操作通道净距不应小于 0.8m。

检验方法：尺量检查。

（8）管道连接的法兰、焊缝和连接管件以及管道上的仪表、阀门的安装位置应便于检修，并不得紧贴墙壁、楼板或管架。

检验方法：观察检查。

（9）管道焊接质量应符合 5.6.1 节中"二、管道及配件安装"的一般项目第（5）条的要求和表 5-17 的规定。

2. 一般项目

（1）锅炉辅助设备安装的允许偏差应符合表 5-83 的规定。

锅炉辅助设备安装的允许偏差和检验方法   表 5-83

项次	项　　目		允许偏差/mm	检 验 方 法
1	送、引风机	坐　标	10	经纬仪、拉线和尺量
		标　高	±5	水准仪、拉线和尺量
2	各种静置设备（各种容器、箱、罐等）	坐　标	15	经纬仪、拉线和尺量
		标　高	±5	水准仪、拉线和尺量
		垂直度（1m）	2	吊线和尺量
3	离心式水泵	泵体水平度（1m）	0.1	水平尺和塞尺检查
		联轴器同心度 轴向倾斜（1m）	0.8	水准仪、百分表（测微螺钉）和塞尺检查
		联轴器同心度 径向位移	0.1	

（2）连接锅炉及辅助设备的工艺管道安装的允许偏差应符合表 5-84 的规定。

工艺管道安装的允许偏差和检验方法   表 5-84

项次	项　　目		允许偏差/mm	检 验 方 法
1	坐标	架　空	15	水准仪、拉线和尺量
		地　沟	10	
2	标高	架　空	±15	水准仪、拉线和尺量
		地　沟	±10	
3	水平管道纵、横方向弯曲	$DN \leqslant 100mm$	2‰，最大 50	直尺和拉线检查
		$DN > 100mm$	3‰，最大 70	
4	立管垂直		2‰，最大 15	吊线和尺量
5	成排管道间距		3	直尺尺量
6	交叉管的外壁或绝热层间距		10	

（3）单斗式提升机安装应符合下列规定：

1）导轨的间距偏差不大于 2mm。

2）垂直式导轨的垂直度偏差不大于 1‰；倾斜式导轨的倾斜度偏差不大于 2‰。

3）料斗的吊点与料斗垂心在同一垂线上，重合度偏差不大于 10mm。

4）行程开关位置应准确，料斗运行平稳，翻转灵活。

检验方法：吊线坠、拉线及尺量检查。

（4）安装锅炉送、引风机，转动应灵活无卡碰等现象；送、引风机的传动部位，应设置安全防护装置。

检验方法：观察和起动检查。

176

（5）水泵安装的外观质量检查：泵壳不应有裂纹、砂眼及凹凸不平等缺陷，多级泵的平衡管路应无损伤或折陷现象，蒸汽往复泵的主要部件、活塞及活动轴必须灵活。

检验方法：观察和起动检查。

（6）手摇泵应垂直安装。安装高度如设计无要求时，泵中心距地面为800mm。

检验方法：吊线和尺量检查。

（7）水泵试运转，叶轮与泵壳不应相碰，进、出口部位的阀门应灵活。轴承温升应符合产品说明书的要求。

检验方法：通电、操作和测温检查。

（8）注水器安装高度，如设计无要求时，中心距地面为1.0～1.2m。

检验方法：尺量检查。

（9）除尘器安装应平稳牢固，位置和进、出口方向应正确。烟管与引风机连接时应采用软接头，不得将烟管重量压在风机上。

检验方法：观察检查。

（10）热力除氧器和真空除氧器的排气管应通向室外，直接排入大气。

检验方法：观察检查。

（11）软化水设备罐体的视镜应布置在便于观察的方向。树脂装填的高度应按设备说明书要求进行。

检验方法：对照说明书，观察检查。

（12）管道及设备保温层的厚度和平整度的允许偏差应符合表5-10的规定。

（13）在涂刷油漆前，必须清除管道及设备表面的灰尘、污垢、锈斑、焊渣等物。涂漆的厚度应均匀，不得有脱皮、起泡、流淌和漏涂等缺陷。

检验方法：现场观察检查。

四、安全附件安装

1. 主控项目

（1）锅炉和省煤器安全阀的定压和调整应符合表5-85的规定。锅炉上装有两个安全阀时，其中的一个按表中较高值定压，另一个按较低值定压。装有一个安全阀时，应按较低值定压。

安全阀定压规定   表5-85

项次	工作设备	安全阀开启压力/MPa
1	蒸汽锅炉	工作压力+0.02MPa
		工作压力+0.04MPa
2	热水锅炉	1.12倍工作压力，但不少于工作压力+0.07MPa
		1.14倍工作压力，但不少于工作压力+0.10MPa
3	省煤器	1.1倍工作压力

检查方法：检查定压合格证书。

（2）压力表的刻度极限值，应大于或等于工作压力的1.5倍，表盘直径不得小于100mm。

检验方法：现场观察和尺量检查。

（3）安装水位表应符合下列规定：

1）水位表应有指示最高、最低安全水位的明显标志，玻璃板（管）的最低可见边缘应比最低安全水位低 25mm。最高可见边缘应比最高安全水位高 25mm。

2）玻璃管式水位表应有防护装置。

3）电接点式水位表的零点应与锅筒正常水位重合。

4）采用双色水位表时，每台锅炉只能装设一个，另一个装设普通水位表。

5）水位表应有放水旋塞（或阀门）和接到安全地点的放水管。

检验方法：现场观察和尺量检查。

（4）锅炉的高、低水位报警器和超温、超压报警器及连锁保护装置必须按设计要求安装齐全和有效。

检验方法：启动、联动试验并作好试验记录。

（5）蒸汽锅炉安全阀应安装通向室外的排气管。热水锅炉安全阀泄水管应接到安全地点。在排气管和泄水管上不得装设阀门。

检验方法：观察检查。

2. 一般项目

（1）安装压力表必须符合下列规定：

1）压力表必须安装在便于观察和吹洗的位置，并防止受高温、冰冻和振动的影响，同时要有足够的照明。

2）压力表必须设有存水弯管。存水弯管采用钢管煨制时，内径不应小于 10mm；采用铜管煨制时，内径不应小于 6mm。

3）压力表与存水弯管之间应安装三通旋塞。

检验方法：观察和尺量检查。

（2）测压仪表取源部件在水平工艺管道上安装时，取压口的方位应符合下列规定：

1）测量液体压力的，在工艺管道的下半部与管道的水平中心线成 0°～45°夹角范围内。

2）测量蒸汽压力的，在工艺管道的上半部或下半部与管道水平中心线成 0°～45°夹角范围内。

3）测量气体压力的，在工艺管道的上半部。

检验方法：观察和尺量检查。

（3）安装温度计应符合下列规定：

1）安装在管道和设备上的套管温度计，底部应插入流动介质内，不得装在引出的管段上或死角处。

2）压力式温度计的毛细管应固定好并有保护措施，其转弯处的弯曲半径不应小于 50mm，温包必须全部浸入介质内。

3）热电偶温度计的保护套管应保证规定的插入深度。

检验方法：观察和尺量检查。

（4）温度计与压力表在同一管道上安装时，按介质流动方向温度计应在压力表下游处安装，如温度计需在压力表的上游安装时，其间距不应小于 300mm。

检验方法：观察和尺量检查。

五、烘炉、煮炉和试运行

1. 主控项目

（1）锅炉火焰烘炉应符合下列规定：

1）火焰应在炉膛中央燃烧，不应直接烧烤炉墙及炉拱。

2）烘炉时间一般不少于 4d，升温应缓慢，后期烟温不应高于 160℃，且持续时间不应少于 24h。

3）链条炉排在烘炉过程中应定期转动。

4）烘炉的中、后期应根据锅炉水水质情况排污。

检验方法：计时测温、操作观察检查。

（2）烘炉结束后应符合下列规定：

1）炉墙经烘烤后没有变形、裂纹及塌落现象。

2）炉墙砌筑砂浆含水率达到 7% 以下。

检验方法：测试及观察检查。

（3）锅炉在烘炉、煮炉合格后，应进行 48h 的带负荷连续试运行，同时应进行安全阀的热状态定压检验和调整。

检验方法：检查烘炉、煮炉及试运行全过程。

2. 一般项目

煮炉时间一般应为 2～3d，如蒸汽压力较低，可适当延长煮炉时间。非砌筑或浇注保温材料保温的锅炉，安装后可直接进行煮炉。煮炉结束后，锅筒和集箱内壁应无油垢，擦去附着物后金属表面应无锈斑。

检验方法：打开锅筒和集箱检查孔检查。

六、换热站安装

1. 主控项目

（1）热交换器应以最大工作压力的 1.5 倍作水压试验，蒸汽部分应不低于蒸汽供汽压力加 0.3MPa，热水部分应不低于 0.4MPa。

检验方法：在试验压力下，保持 10min，压力不降。

（2）高温水系统中，循环水泵和换热器的相对安装位置应按设计文件施工。

检验方法：对照设计图纸检查。

（3）壳管式热交换器的安装，如设计无要求时，其封头与墙壁或屋顶的距离不得小于换热管的长度。

检验方法：观察和尺量检查。

2. 一般项目

（1）换热站内设备安装的允许偏差应符合表 5-83 的规定。

（2）换热站内的循环泵、调节阀、减压器、疏水器、除污器、流量计等安装应符合 GB 50242—2002 的相关规定。

（3）换热站内管道安装的允许偏差应符合表 5-84 的规定。

（4）管道及设备保温层的厚度和平整度的允许偏差应符合表 5-10 的规定。

5.8.2 施工质量监理表格填写范例

一、安全附件安装检查记录

《安全附件安装检查记录》填写范例见表 5-86。

安全附件安装检查记录

表 5-86

编号：×××

工程名称		××工程	安装位号		×××
锅炉型号		×××	工作介质		水
设计（额定）压力		×××MPa	最大工作压力		×××MPa
检查项目			检查结果		
压力表	量程及精度等级		MPa；级		
	校验日期		年 月 日		
	在最大工作压力处应划红线		☑已划	□未划	
	旋塞或针型阀是否灵活		☑灵活	□不灵活	
	蒸汽压力表管是否设存水弯道		☑已设	□未设	
	铅封是否完好		☑完好	□不完好	
安全阀	开启压力范围		MPa～ MPa		
	校验日期		年 月 日		
	铅封是否完好		☑是	□不完好	
	安全阀排放管应引至安全地点		☑是	□不是	
	锅炉安全阀应有泄水管		☑是	□没有	
水位计	锅炉水位计应有泄水管		☑有	□没有	
	水位计应划出高、低红位线		☑已划	□未划	
	水位计旋塞（阀门）是否灵活		☑灵活	□不灵活	
报警装置	校验日期		年 月 日		
	报警高低限（声、光报警）		☑灵敏、准确	□不合格	
	连锁装置工作情况		☑动作迅速、灵敏	□不灵活	
说明： 安全阀、压力表等安装必须符合施工规范和《锅炉安全技术监察规程》（TSG G0001—2012）的有关规定。 					
结论： ☑合格　　□不合格					
签字栏	建设（监理）单位	施工单位	××机电安装工程公司		
		专业技术负责人	专业质检员		专业工长
	×××	×××	×××		×××

二、安全阀及报警联动系统动作测试记录

《安全阀及报警联动系统动作测试记录》填写范例见表5-87。

安全阀及报警联动系统动作测试记录 表5-87

单位工程名称	××工程		分项工程名称		供热锅炉及辅助设备安装
参加试车人员	×××、×××		调试时间	起始时间	20××年××月××日
				终止时间	20××年××月××日
安装位置	安全阀型号	工作压力	安全保护开启压力	报警执行机构名称	联动报警滞后时间
一层变频泵出口	×××	＋0.02MPa	×××	×××	×××
施工单位检查结论	符合设计要求及《建筑给水排水及采暖工程施工质量验收规范》（GB 50242—2002）的规定，检验评定为合格。 项目专业质检员：×××　　　　　专业技术负责人：××× 　　　　　　　　　　　　　　　　　　　20××年××月××日				
监理（建设）单位验收意见	同意施工单位测试结论。 专业监理工程师：××× （建设单位项目专业技术负责人） 　　　　　　　　　　　　　　　　　　　20××年××月××日				

三、阀门压力试验记录

《阀门压力试验记录》填写范例见表 5-88。

阀门压力试验记录　　　　　　　　　　　　　表 5-88

单位工程名称	××工程				
遵循规范	《建筑给水排水及采暖工程施工质量验收规范》	分项工程名称		供热锅炉及辅助设备安装	
参加试车人员	×××	调试时间	起始时间	20××年××月××日	
			终止时间	20××年××月××日	
阀门型号及规格	阀门额定工作压力	试验压力/MPa	稳压时间/min	压力降/MPa	试压介质
DN100	不大于 1.0MPa	××	××	××	水
施工单位检查结论	专业工长	×××	班组长	×××	
	符合设计要求及《建筑给水排水及采暖工程施工质量验收规范》（GB 50242—2002）的规定，检验评定为合格。 项目专业质检员：×××　　　　　　　　　　专业技术负责人：××× 　　　　　　　　　　　　　　　　　　　　　　20××年××月××日				
监理（建设）单位验收意见	同意施工单位测试结论。 专业监理工程师：××× （建设单位项目专业技术负责人）　　　　　　　　　　20××年××月××日				

四、锅炉封闭及烘炉（烘干）记录

《锅炉封闭及烘炉（烘干）记录》填写范例见表 5-89。

锅炉封闭及烘炉（烘干）记录

表 5-89

编号：×××

工程名称	××工程	安装位号	×××
锅炉型号	×××	试验日期	20××年××月××日

设备/管道封闭前的内部观察情况： 炉膛内及各通道已全部清理完毕。			

封闭方法			
烘干方法	火焰烘炉	（木材与煤炭） 烘焙时间	起始时间 20××年 05 月 02 日 9 时 0 分
			终止时间 20××年 05 月 14 日 9 时 0 分

温度区间/℃	升降温速度/（℃/小时）	所用时间/h
0～100	升温 3	32
100～200	升温 1.32	76
200～300	升温 4	25
300～400	升温 1.41	71
400～500	升温 2.78	36
500～600	升温 2.08	48

烘焙（烘干）曲线图（包括计划曲线及实际曲线）：

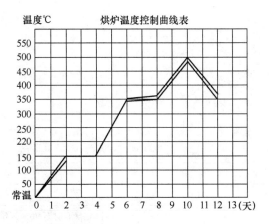

注：黑线为计划升温曲线，粗线为实际升温曲线

结论：		☑合格　□不合格	
签字栏	建设（监理）单位	施工单位	××机电安装工程公司
		专业技术负责人	专业质检员	专业工长
	××监理公司	×××	×××	×××

五、锅炉煮炉试验记录

《锅炉煮炉试验记录》填写范例见表 5-90。

锅炉煮炉试验记录

表 5-90

编号：×××

工程名称	××工程	安装位号	×××
锅炉型号	×××	煮炉日期	20××年××月××日

试验要求：

  1. 检查煮炉前炉内污垢厚度，确定锅炉加药量。

  2. 煮炉后检查受热面内部清洁程度，记录煮炉时间、压力。

试验记录

	工作压力、温度	0.6MPa 100℃					
	炉水容量	45m³					
煮炉	时间	20××年04月10日9时至20××年04月13日9时					
	压力	(0) MPa（kg/cm²）至（0.6）MPa（kg/cm²）					
	药品	投放时间		药品名称	规格	单位	投放量（）
	年、月、日、时						
	20××年04月10日9时			氢氧化钠	溶液	kg	×××（不含水）
	20××年04月10日9时			磷酸三钠	溶液	kg	×××（不含水）

六、锅炉试运行记录

《锅炉试运行记录》填写范例见表 5-91。

184

	锅炉试运行记录	表 5-91

编号：×××

工程名称	××工程
施工单位	×××

本锅炉在安全附件校验合格后，由<u>建设</u>单位统一组织，经××市技术监督局、相关检测所共同验收，自20××年<u>09</u>月<u>28</u>日<u>10</u>时至20××年<u>09</u>月<u>30</u>日<u>10</u>时试运行，运行正常，符合规程及设计文件要求，试运行合格。

试运行情况记录：

　　锅炉在烘炉、煮炉合格后，进行48小时的带负荷连续试运行，同时进行安全阀的热状态定压检验和调整，运行全过程未出现异常。

记录人：×××

建设单位（签章）	监理单位（签章）	管理单位（签章）	施工单位（签章）
×××	×××	×××	×××

七、锅炉 48 小时负荷试运行记录

《锅炉 48 小时负荷试运行记录》填写范例见表 5-92。

锅炉 48 小时负荷试运行记录

表 5-92

编号：×××

工程名称	××工程	检查项目	锅炉试运行
检查部位	地上一层	检查日期	20××年××月××日

检查依据：

《建筑给水排水及采暖工程施工质量验收规范》（GB 50242—2002）。

检查内容：

1. 对施工、设计和设备质量进行考核，检查设备是否能达到额定出力，是否符合设计规定。
2. 锅炉本体辅助机械和附属系统均应工作正常，其膨胀、严密性、轴承温度及振动等均符合设计要求。
3. 锅炉蒸汽参数和燃烧情况。

<table>
<tr><td rowspan="4">施工单位检查结论</td><td>专业工长</td><td>×××</td><td>班组长</td><td>×××</td></tr>
<tr><td colspan="4">符合设计要求及《建筑给水排水及采暖工程施工质量验收规范》（GB 50242—2002）的规定，检验评定为合格。</td></tr>
<tr><td colspan="4">项目专业质检员：×××　　　专业技术负责人：×××</td></tr>
<tr><td colspan="4">20××年××月××日</td></tr>
<tr><td rowspan="2">监理（建设）
单位验收意见</td><td colspan="4">同意施工单位测试结论。</td></tr>
<tr><td colspan="4">专业监理工程师：×××
（建设单位项目专业技术负责人）　　　　　　20××年××月××日</td></tr>
</table>

186

5.8.3 质量验收填写范例

一、锅炉安装工程检验批质量验收记录表（表5-93）

锅炉安装工程检验批质量验收记录表

表5-93

编号：×××

单位（子单位）工程名称			××工程											
分部（子分部）工程名称			供热锅炉					验收部位						
施工单位			××建筑工程公司					项目经理			×××			
分包单位								分包项目经理						
施工执行标准名称及编号			建筑给水排水及采暖工程施工质量验收规范（GB 50242—2002）											

		施工质量验收规范规定			施工单位检查评定记录									监理（建设）单位验收记录
主控项目	1	锅炉基础验收		设计要求	√									符合设计及施工质量验收规范要求，同意验收
	2	燃油、燃气及非承压锅炉安装		第13.2.2条，13.2.3条，13.2.4条	√									
	3	锅炉烘炉和试运行		第13.5.1条，13.5.2条，13.5.3条	√									
	4	排污管和排污阀安装		第13.2.5条	√									
	5	锅炉和省煤器的水压试验		第13.2.6条	√									
	6	机械炉排冷态试运行		第13.2.7条	√									
	7	本体管道焊接		第13.2.8条	√									

															符合设计及施工质量验收规范要求，同意验收
一般项目	1	锅炉煮炉			第13.5.4条	√										
	2	铸铁省煤器肋片破损数			第13.2.12条	√										
	3	锅炉本体安装的坡度			第13.2.13条	√										
	4	锅炉炉底风室			第13.2.14条	√										
	5	省煤器出入口管道及阀门			第13.2.15条	√										
	6	电动调节阀安装			第13.2.16条	√										
	7	锅炉安装允许偏差	坐标		10mm	2	3	2	3	4	5	2	1	5	6	
			标高		±5mm	+2	+3	−1	+5	−2	+2	−3	+4	+4	−2	
			中心线垂直度	立式锅炉炉体全高	4mm											
				卧式锅炉炉体全高	3mm	2	3	1	2	1	3	3	1	2	2	
	8	链条炉排安装允许偏差	炉排中心位置		2mm	1	0	1	2	1	2	2	1	2	2	
			前后中心线的相对标高差		5mm	2	3	5	4	4	2	0	1	3	4	
			前轴、后轴的水平度（每米）		1mm	1	0	0	1	1	0	0	1	1	0	
			墙壁板间两对角线长度之差		5mm	3	2	5	4	1	2	2	3	4	1	
	9	往复炉排安装允许偏差	炉排片间隙	纵向	1mm	1	1	0	0	0	1	0	0	1	1	
				两侧	2mm	0	2	0	0	2	2	1	1	0	1	
			两侧板对角线长度之差		5mm	2	3	0	3	4	4	3	3	1	5	
	10	省煤器支架安装允许偏差	支承架的水平方向位置		3mm	2	1	3	3	2	1	1	3	3	1	
			支承架的标高		0，−5mm	0	0	−1	−2	0	0	0	−2	−2	0	
			支承架纵横水平度（每米）		1mm	1	0	0	1	1	0	1	0	0	1	

	专业工长（施工员）	×××	施工班组长	×××
施工单位检查评定结果	主控项目、一般项目全部合格，符合设计及施工质量验收规范要求 项目专业质量检查员：×××　　　　　　　　　　　200×年××月××日			
监理（建设）单位验收结论	同意验收 监理工程师：××× （建设单位项目专业技术负责人）　　　　　　　200×年××月××日			

187

二、锅炉辅助设备安装工程检验批质量验收记录表（表5-94）

锅炉辅助设备安装工程检验批质量验收记录表　　　　　　表 5-94

单位（子单位）工程名称				×× 工程									
分部（子分部）工程名称				供热锅炉						验收部位			
施工单位				××建筑工程公司						项目经理		×××	
分包单位										分包项目经理			
施工执行标准名称及编号				建筑给水排水及采暖工程施工质量验收规范（GB 50242—2002）									

		施工质量验收规范规定				施工单位检查评定记录								监理（建设）单位验收记录
主控项目	1	辅助设备基础验收		设计要求		√								符合设计及施工质量验收规范要求，同意验收
	2	风机试运转		第13.3.2条		√								
	3	分汽缸、分水器、集水器水压试验		第13.3.3条		√								
	4	敞口水管、密闭水箱、满水或压力试验		第13.3.4条		√								
	5	地下直埋油罐气密性试验		第13.3.5条		√								
	6	各种设备的操作通道		第13.3.7条		√								
一般项目	1	斗式提升机安装		第13.3.12条		√								符合设计及施工质量验收规范要求，同意验收
	2	风机传动部位安全防护装置		第13.3.13条		√								
	3	手摇泵、注水器安装高度		第13.3.15条，13.3.17条		√								
	4	水泵安装及试运转		第13.3.14条，13.3.16条		√								
	5	除尘器安装		第13.3.18条		√								
	6	除氧器排气管		第13.3.19条		√								
	7	软化水设备安装		第13.3.20条		√								
	8	安装允许偏差	送、引风机	坐标	10mm	7	6	5	5	4	6	7	4	
				标高	±5mm	+2	+3	−1	+5	−2	+4	+3	−5	
			各种静置设备	坐标	15mm	10	8	7	5	7	5	6	5	
				标高	±5mm	+3	−2	+4	−1	+5	+2	+2	−3	
				垂直度（每米）	2mm	1	0	2	2	1	1	0	2	
			离心式水泵	泵体水平度（每米）	0.1mm	0.1	0	0	0.1	0.1	0	0	0	
			联轴器同心度	轴向倾斜（每米）	0.8mm	0.6	0.5	0.4	0.8	0.5	0.2	0.3	0.5	
				径向位移	0.1mm	0.1	0	0.1	0.1	0.1	0	0	0	

施工单位检查评定结果	专业工长（施工员）	×××	施工班组长	×××
	主控项目、一般项目全部合格，符合设计及施工质量验收规范要求			
	项目专业质量检查员：×××		200×年××月××日	
监理（建设）单位验收结论	同意验收			
	监理工程师：×××			
	（建设单位项目专业技术负责人）		200×年××月××日	

三、工艺管道安装工程检验批质量验收记录表（表5-95）

工艺管道安装工程检验批质量验收记录表

表 5-95

编号：×××

单位（子单位）工程名称				××工程								
分部（子分部）工程名称				供热锅炉					验收部位		四层多功能厅	
施工单位				××建筑工程公司					项目经理		×××	
分包单位									分包项目经理			
施工执行标准名称及编号				建筑给水排水及采暖工程施工质量验收规范（GB 50242—2002）								

施工质量验收规范规定					施工单位检查评定记录								监理（建设）单位验收记录
主控项目	1	工艺管道水压试验		第13.3.6条	√								符合设计及施工质量验收规范要求，同意验收
	2	仪表、阀门的安装		第13.3.8条	√								
	3	管道焊接		第13.3.9条	√								
一般项目	1	管道及设备表面涂漆		第13.3.22条	√								符合设计及施工质量验收规范要求，同意验收
	2	安装允许偏差	坐标	架空	15mm								
				地沟	10mm	7	5	4	6	7	7	2	3
			标高	架空	±15mm								
				地沟	±10mm	+2	+4	−3	−2	+10	−8	+6	−2
			水平管道纵、横方向弯曲	DN≤100mm（每米）	2‰,最大50	25	30	30	28	35	25	30	35
				DN>100mm（每米）	3‰,最大70								
			立管垂直（每米）		2‰,最大15	2	3	7	5	4	5	3	2
			成排管道间距		3mm	2	3	2	3	3	2	2	2
			交叉管的外壁或绝热层间距		10mm	5	6	4	3	2	2	1	4
	3	管道设备保温	厚度		+0.1δ,−0.05δ	+2	+3	−1	+3	+7	+6	+5	−1
			表面平整度	卷材	5mm	2	3	3	2	4	1	1	5
				涂沫	10mm								

	专业工长（施工员）	×××	施工班组长	×××
施工单位检查评定结果	主控项目、一般项目全部合格，符合设计及施工质量验收规范要求 项目专业质量检查员：×××　　　　　　　　200×年××月××日			
监理（建设）单位验收结论	同意验收 监理工程师：××× （建设单位项目专业技术负责人）　　　　　　200×年××月××日			

189

四、锅炉安全附件安装工程检验批质量验收记录表（表5-96）。

锅炉安全附件安装工程检验批质量验收记录表

表5-96

编号：×××

单位（子单位）工程名称			×× 工程			
分部（子分部）工程名称			供热锅炉		验收部位	
施工单位			××建筑工程公司		项目经理	×××
分包单位					分包项目经理	
施工执行标准名称及编号			建筑给水排水及采暖工程施工质量验收规范（GB 50242—2002）			

施工质量验收规范规定			施工单位检查评定记录	监理（建设）单位验收记录
主控项目	1	锅炉和省煤器安全阀定压	第13.4.1条	✓	符合设计及施工质量验收规范要求，同意验收
	2	压力表刻度极限、表盘直径	第13.4.2条	✓	
	3	水位表安装	第13.4.3条	✓	
	4	锅炉的超温、超压及高低水位报警装置	第13.4.4条	✓	
	5	安全阀排气管、泄水管安装	第13.4.5条	✓	
一般项目	1	压力表安装	第13.4.6条	✓	符合设计及施工质量验收规范要求，同意验收
	2	测压仪取源部件安装	第13.4.7条	✓	
	3	温度计安装	第13.4.8条	✓	
	4	压力表与温度计在管道上相对位置	第13.4.9条	✓	

施工单位检查评定结果	专业工长（施工员）		×××	施工班组长	×××
	主控项目、一般项目全部合格，符合设计及施工质量验收规范要求 项目专业质量检查员：×××　　　　　　　　　　200×年××月××日				

监理（建设）单位验收结论	同意验收 监理工程师：××× （建设单位项目专业技术负责人）　　　　　　　　200×年××月××日

190

五、换热站安装工程检验批质量验收记录表（表5-97）。

换热站安装工程检验批质量验收记录表

表 5-97

编号：×××

单位(子单位)工程名称					×× 工程									
分部(子分部)工程名称					供热锅炉					验收部位				
施工单位					××建筑工程公司					项目经理			×××	
分包单位										分包项目经理				
施工执行标准名称及编号					建筑给水排水及采暖工程施工质量验收规范(GB 50242—2002)									

		施工质量验收规范规定			施工单位检查评定记录										监理(建设)单位验收记录
主控项目	1	热交换器水压试验		第13.6.1条	√										符合设计及施工质量验收规范要求，同意验收
	2	高温水循环泵与换热器相对位置		第13.6.2条	√										
	3	壳管热换器距离墙及屋顶距离		第13.6.3条	√										
一般项目	1	设备、阀门及仪表安装		第13.6.5条	√										符合设计及施工质量验收规范要求，同意验收
	2	静置设备允许偏差	坐标	15mm	10	9	7	6	4	5	3	10	12	15	
			标高	±5mm	+4	−3	+5	+2	−1	+5	−5	+4	−3	−2	
			垂直度(每米)	2mm	1	2	0	1	1	2	2	0	1	2	
		离心式水泵允许偏差	泵体水平度(每米)	0.1mm	0.1	0	0	0	0	0	0.1	0.1	0	0.1	0	
			联轴器同心度 轴向倾斜(每米)	0.8mm	0	0.1	0.2	0	0.2	0.3	0.4	0.2	0.3	0.4	
			联轴器同心度 径向位移	0.1mm	0.1	0.1	0	0	0	0.1	0.1	0	0	0	
	3	管道允许偏差	坐标 架空	15mm											
			坐标 地沟	10mm	3	2	3	10	5	7	8	2	1	6	
			标高 架空	±15mm											
			标高 地沟	±10mm	+7	−6	+5	−7	+2	+3	−5	−2	+8	+5	
			水平管道纵、横方向弯曲 DN≤100mm(每米)	2‰,最大50	10	7	25	12	15	15	17	10	12	15	
			水平管道纵、横方向弯曲 DN>100mm(每米)	3‰,最大70											
			立管垂直(每米)	2‰,最大15	2	3	5	7	3	5	7	7	2	4	
			成排管道间距	3mm	3	2	1	2	1	3	3	2	1	2	
			交叉管的外壁或绝热层间距	10mm	8	7	6	4	3	10	9	9	7	2	
	4	管道设备保温允许偏差	厚度	+0.1δ, −0.05δmm	+2	+3	−1	−5	+2	+3	+1	+1	−1	−2	
			表面平整度 卷材	5mm	4	2	3	1	5	5	4	3	2	3	
			表面平整度 涂沫	10mm											

施工单位检查评定结果	专业工长(施工员)	×××	施工班组长	×××
	主控项目、一般项目全部合格，符合设计及施工质量验收规范要求 项目专业质量检查员：×××　　　　　　　　200×年××月××日			
监理(建设)单位验收结论	同意验收 监理工程师：××× (建设单位项目专业技术负责人)　　　　　　　　200×年××月××日			

参 考 文 献

[1] 国家标准 .《建设工程监理规范》(GB/T 50319—2013)[S]. 北京：中国建筑工业出版社，2013.

[2] 国家标准 .《建筑给水排水及采暖工程施工质量验收规范》(GB 50242—2002)[S]. 北京：中国标准工业出版社，2004.

[3] 国家标准 .《自动喷水灭火系统施工及验收规范》(GB 50261—2005)[S]. 北京：中国标准工业出版社，2005.

[4] 王照雯 . 建设工程监理[M]. 北京：机械工业出版社，2012.

[5] 满广生等 . 给排水工程监理[M]. 北京：中国水利水电出版社，2010.

[6] 董维东、汪宵 . 建筑工程施工监理实施细则[M]. 北京：中国建筑工业出版社，2011.

[7] 北京土木建筑学会 . 建筑给水排水及采暖工程施工过程资料表格形成及填写范例[M]. 北京：中国电力出版社，2009.

[8] 田会杰 . 建筑给水排水采暖安装工程实用手册[M]. 北京：金盾出版社，2006.